建筑工人职业技能培训教材

# 电气设备安装调试工
## （第二版）

住房和城乡建设部干部学院　主编

华中科技大学出版社
中国·武汉

**图书在版编目(CIP)数据**

电气设备安装调试工/住房和城乡建设部干部学院主编. —2版. —武汉:华中科技大学出版社,2017.5

建筑工人职业技能培训教材. 建筑工程安装系列

ISBN 978-7-5680-2394-8

Ⅰ.①电… Ⅱ.①住… Ⅲ.①建筑安装-电气设备-技术培训-教材 Ⅳ.①TU85

中国版本图书馆 CIP 数据核字(2016)第 287316 号

电气设备安装调试工(第二版) 住房和城乡建设部干部学院 主编

Dianqi Shebei Anzhuangtiaoshigong(Di-er Ban)

策划编辑:金 紫

责任编辑:叶向荣

封面设计:原色设计

责任校对:何 欢

责任监印:张贵君

出版发行:华中科技大学出版社(中国·武汉) 电话:(027)81321913

武汉市东湖新技术开发区华工科技园 邮编:430223

录 排:京赢环球(北京)传媒广告有限公司

印 刷:武汉鑫昶文化有限公司

开 本:880mm×1230mm 1/32

印 张:6.75

字 数:208 千字

版 次:2017 年 5 月第 2 版第 1 次印刷

定 价:19.80 元

# 编审委员会

# 内 容 提 要

本书依据《建筑工程安装职业技能标准》(JGJ/T 306—2016)的要求,结合在建筑工程中实际的操作应用,重点涵盖了电气设备安装调试工必须掌握的"基础理论知识""安全生产知识""现场施工操作技能知识"等。

本书主要内容包括电气设备安装调试工识图知识,常用电工工具与仪表,电气安装常用材料、设备,变配电设备安装,供电干线安装,电气照明工程,低压电气设备安装,防雷与接地安装。

本书可作为四级、五级电气设备安装调试工的技能培训教材,也可在上岗前安全培训,以及岗位操作和自学参考中应用。

# 前　　言

2016年3月5日,"工匠精神"首次写入了国务院《政府工作报告》,这也对包括建设领域千千万万的产业工人在内的工匠,赋予了强烈的时代感,提出了更高的素质要求。建筑工人是工程建设领域的主力军,是工程质量安全的基本保障。加快培养大批高素质建筑业技术技能型人才和新型产业工人,对推动社会经济、行业技术发展都有着深远意义。

根据《住房城乡建设部关于加强建筑工人职业培训工作的指导意见》[建人(2015)43号]、《住房城乡建设部办公厅关于建筑工人职业培训合格证有关事项的通知》[建办人(2015)34号]等文件的要求,以及2016年10月1日起正式实施的国家行业标准《建筑工程施工职业技能标准》(JGJ/T 314—2016)、《建筑装饰装修职业技能标准》(JGJ/T 315—2016)、《建筑工程安装职业技能标准》(JGJ/T 306—2016)(以下统称"职业技能标准")的具体规定,为做到"到2020年,实现全行业建筑工人全员培训、持证上岗",更好地贯彻落实国家及行业主管部门相关文件精神和要求,全面做好建筑工人职业技能教育培训,由住房和城乡建设部干部学院及相关施工企业、培训单位等,组织了建设行业的专家学者、培训讲师、一线工程技术人员及具有丰富施工操作经验的工人和技师等,共同编写这套建筑工人职业技能培训教材。

本套丛书依据"职业技能标准"要求,以实现全面提高建设领域职工队伍整体素质,加快培养具有熟练操作技能的技术工人,尤其是加快提高建筑工人职业技能水平,保证建筑工程质量和安全,促进广大建筑工人就业为目标,以建筑工人必须掌握的"基础理论知识""安全生产知识""现场施工操作技能知识"等为核心进行编制,量身订制并打造了一套适合不同文化层次的技术工人和读者需求的技能培训教材。

本套丛书系统、全面,技术新、内容实用,文字通俗易懂,语言生动简洁,辅以大量直观的图表,非常适合不同层次水平、不同年龄的建筑工人在职业技能培训和实际施工操作中应用。

本套丛书按照"职业技能标准"划分为"建筑工程施工""建筑装饰装修""建筑工程安装"3大系列,并配以《建筑工人安全操作知识读本》,共22个分册。

(1)"建筑工程施工"系列包括《钢筋工》《砌筑工》《防水工》《抹灰工》《混凝土工》《木工》《油漆工》《架子工》和《测量放线工》9个分册,与《建筑工程施工职业技能标准》(JGJ/T 314—2016)划分的建筑施工工种相对应。

(2)"建筑装饰装修"系列包括《镶贴工》《装饰装修木工》《金属工》《涂裱工》《幕墙制作工》和《幕墙安装工》6个分册,与《建筑装饰装修职业技能标准》(JGJ/T 315—2016)划分的装饰装修工种相对应。

(3)"建筑工程安装"系列包括《电焊工》《电气设备安装调试工》《安装钳工》《安装起重工》《管道工》《通风工》6个分册,与《建筑工程安装职业技能标准》(JGJ/T 306—2016)划分的建筑安装工种相对应。

由于时间限制,以及编者水平有限,本书难免有疏漏之处,欢迎广大读者批评指正,以便本丛书再版时修订。

编　者
2017 年 2 月　北京

# 目　　录

## 上篇　电气设备安装调试工岗位基础知识

# 下篇 电气设备安装调试工岗位操作技能

## 第四章
## 变配电设备安装

# 导　言

依据《建筑工程安装职业技能标准》(JGJ/T 306—2016)规定,建筑工程安装职业技能等级由低到高分为职业技能五级、职业技能四级、职业技能三级、职业技能二级和职业技能一级,分别对应"初级工""中级工""高级工""技师"和"高级技师"。

按照建筑工人职业技能培训考核规定,在取得本职业职业技能五级证书后方可申报考核四级证书,结合建筑装饰装修现场施工的实际情况以及建筑工人文化水平层次不同、技能水平差异等,本书重点涵盖了职业技能五级(初级工)、职业技能四级(中级工)和职业技能三级(高级工,安全及现场操作技能部分)应掌握的知识内容,以更好地适合职业培训需要,也可作为建筑工人现场施工应用的技术手册。

1. 四级、五级电气设备安装调试工职业技能模块划分及要求

(1)职业技能模块划分。

"职业技能标准"中,把职业技能分为安全生产知识、理论知识、操作技能三个模块,分别包括下列内容。

1)安全生产知识:安全基础知识、施工现场安全操作知识两部分内容。

2)理论知识:基础知识、专业知识和相关知识三部分内容。

3)操作技能:基本操作技能、工具设备的使用与维护、创新和指导三部分内容。

(2)职业技能基本要求。

1)职业技能五级:能运用基本技能独立完成本职业的常规工作;能识别常见的建筑工程施工材料;能操作简单的机械设备并进行例行保养。

2)职业技能四级:能熟练运用基本技能独立完成本职业的常规工作;能运用专门技能独立或与他人合作完成技术较为复杂的工作;能区分常见的建筑工程施工材料;能操作常用的机械设备并进行一般的维修。

2. 五级电气设备安装调试工职业要求和职业技能

(1)五级电气设备安装调试工职业要求,见表0-1。

表 0-1　　　　　职业技能五级电气设备安装调试工职业要求

| 项次 | 分类 | 专业知识 |
|---|---|---|
| 1 | 安全生产知识 | (1)掌握常用施工工器具的安全使用知识;<br>(2)掌握本工种安全操作规程;<br>(3)熟悉安全防护用品的功能和使用常识;<br>(4)了解安全生产基本法律法规;<br>(5)能够进行触电急救并掌握人工呼吸方法 |
| 2 | 理论知识 | (1)掌握电工学基础知识;<br>(2)掌握常用电气设备的基础知识;<br>(3)掌握常用的电气设备安装调试知识;<br>(4)掌握相关专业基本操作知识;<br>(5)熟悉国家标准电气图形符号和电气施工图纸的一般规定;<br>(6)熟悉本工种技术规程、工艺标准和施工验收规范;<br>(7)熟悉常用电气材料基础知识 |
| 3 | 操作技能 | (1)熟练使用常用电工检测仪表检测一般电气设备和线路;<br>(2)熟练使用施工工器具进行电气工程安装;<br>(3)能够完成低压电缆中间头、终端头的制作安装;独立完成 10kV 以下电缆的检查和绝缘测试;参与完成电缆敷设;<br>(4)能够完成 10kV 以下配电柜的安装;<br>(5)能够完成裸硬母线的安装;<br>(6)能够完成起重电器装置的滑接线和移动电缆的安装;<br>(7)能够完成电动机的检查、接线;<br>(8)能够完成一般民用与工业建筑照明、动力、弱电系统的配管、配线工程;<br>(9)能够安装防雷、接地装置,并且进行接地电阻值测定;<br>(10)能够完成照明装置的安装,并通电试运行;<br>(11)能够参与完成架空外线的施工;<br>(12)能够按图加工、组装非标准低压配电箱、盘、柜及各种支架;<br>(13)能够参与完成电梯安装工程电气装置安装;<br>(14)会进行电气设备、材料的外观检查和编号 |

（2）五级电气设备安装调试工职业技能，见表 0-2。

表 0-2　　　　　职业技能五级电气设备安装调试工技能要求

| 项次 | 项　目 | 范　围 | 内　容 |
|------|--------|--------|--------|
| 安全生产知识 | 安全基础知识 | 法规与安全常识 | (1)安全生产基本法规；<br>(2)安全常识 |
| | 施工现场安全操作知识 | 安全生产 | 安全防护用品、工器具的正确使用 |
| | | 触电急救 | (1)触电后脱离电源的方法；<br>(2)触电急救及人工呼吸方法 |
| 理论知识 | 基础知识 | 电工学基础知识 | (1)直流电路知识；<br>(2)交流电路知识；<br>(3)电磁感应知识；<br>(4)电子元器件知识 |
| | | 电气识图 | (1)一般民用与工业建筑动力、照明、防雷接地工程平面图、系统图；<br>(2)建筑弱电工程平面图、系统图；<br>(3)10kV以下变配电装置一次回路系统图、二次接线图、安装原理图；<br>(4)10kV以下架空电力线路及外线电缆图；<br>(5)各种支架的加工图和安装图 |
| | 专业知识 | 电气材料 | (1)导电材料、各类电缆、电线的规格、用途、检验、选择；<br>(2)绝缘材料种类、用途、使用、选择；<br>(3)电线(缆)保护管、电气外线材料；<br>(4)开关、插座、灯具及附件 |
| | | 电气设备 | (1)电动机原理、用途、检查、接线；<br>(2)变压器原理、用途、检查、接线；<br>(3)电流、电压互感器原理、用途、检查、接线；<br>(4)高、低压电器名称、用途、接线方法；<br>(5)成套配电柜(箱)检查、验收、保管 |
| | | 安装调试知识 | (1)电气安装经常使用的测量、检测器具知识；<br>(2)电气设备安装调试基本步骤和方法 |
| | | 规范、标准知识 | (1)电气设备安装规程、规范、工艺标准；<br>(2)电气安装工程施工验收规范 |

| 项次 | 项 目 | 范 围 | 内 容 |
|------|-------|-------|-------|
| 理论知识 | 相关知识 | 相关工种知识 | (1)钳工操作基本知识；<br>(2)管道工操作基本知识；<br>(3)电焊、气焊操作基本知识；<br>(4)电气设备起重吊装知识 |
| 操作技能 | 基本操作技能 | 电气设备、材料外观检查、编号 | 看懂电气设备、材料的装箱清单，完成电气设备、材料的清点和外观检查、编号，并做好开箱记录 |
| | | 10kV以下电缆敷设 | (1)电缆的检查、绝缘测试；<br>(2)电缆直埋敷设；<br>(3)电缆穿导管敷设；<br>(4)电缆沿支架、桥架敷设；<br>(5)制作安装低压电缆中间头、终端头 |
| | | 成套配电柜安装 | (1)安装配电柜基础型钢；<br>(2)按工艺顺序安装成套配电柜、手车式开关柜；<br>(3)电流互感器、电压互感器接线；<br>(4)照明配电箱安装及检查接线 |
| | | 裸硬母线安装 | 800mm² 以下裸硬母线冷弯、连接、安装 |
| | | 滑接线安装 | (1)起重电器装置滑接线测量、定位、安装；<br>(2)起重电器装置移动电缆测量、定位、安装 |
| | | 电动机测试安装 | (1)电动机绝缘电阻测试；<br>(2)直流电动机接线；<br>(3)判定三相异步电动机定子绕组的始末端；<br>(4)三相异步电动机 Y 及 △ 接法的条件，正确接线 |
| | | 电气配管、配线 | (1)镀锌钢导管敷设；<br>(2)非镀锌钢导管敷设；<br>(3)可挠性导管敷设；<br>(4)绝缘导管敷设；<br>(5)金属及非金属线槽敷设；<br>(6)管内、线槽内穿线；导线连接；导线绝缘测定 |

续表

| 项次 | 项目 | 范围 | 内容 |
|---|---|---|---|
| 操作技能 | 基本操作技能 | 防雷、接地装置安装 | (1)安装防雷带(网);<br>(2)安装避雷针;<br>(3)安装防雷引下线;<br>(4)安装接地装置;<br>(5)安装等电位工程 |
| | | 灯具安装 | (1)各种灯具的组装、接线、安装、通电试运行;<br>(2)各种开关、插座、电风扇的安装、通电试运行 |
| | | 架空外线 | (1)12m以下单杆组立;<br>(2)10kV以下外线架设;<br>(3)普通拉线制作安装 |
| | | 组装非标准配电箱 | (1)按图加工、组装非标准低压配电箱、盘、柜;<br>(2)按图加工、安装各种支架 |
| | | 电梯电气装置安装 | (1)安装控制柜、极限开关、中间接线盒及随缆架;<br>(2)安装电梯随行电缆;<br>(3)安装缓速开关、限位开关及撞铁;<br>(4)安装感应电器及感应板;<br>(5)安装层灯、按钮及操纵盘;<br>(6)电梯配线系统故障维修 |
| | 工具设备的使用与维护 | 正确使用电工检测仪表 | (1)使用电流表、电压表测量线路;<br>(2)使用万用表检测一般电气设备和线路故障;<br>(3)选用兆欧表测量电气设备和线路的绝缘电阻;<br>(4)选用接地电阻测量仪测试接地电阻值 |
| | | 专用工具使用方法 | (1)弯管器、套丝机、压接钳、喷灯、小型专用电动工具;<br>(2)放线架、紧线钳 |

### 3.四级电气设备安装调试工职业要求和职业技能

(1)四级电气设备安装调试工职业要求,见表0-3。

表 0-3　　　　　　　　职业技能四级电气设备安装调试工职业要求

| 项次 | 分类 | 专业知识 |
|---|---|---|
| 1 | 安全生产知识 | (1)掌握本工种安全操作规程;<br>(2)熟悉安全生产基本常识;<br>(3)了解电气安装工程标准、规范中的安全规定 |
| 2 | 理论知识 | (1)掌握电子技术基础知识;<br>(2)掌握电气安装工程施工规范、验收标准及交接预防性试验标准;<br>(3)掌握常用继电保护装置和信号装置的工作原理;<br>(4)熟悉10kV变配电所各种施工图的识读;<br>(5)熟悉电力变压器、特种变压器的基础知识;<br>(6)熟悉旋转电机的基础知识;<br>(7)熟悉仪表的基础知识;<br>(8)熟悉防爆、防火、防腐、防潮、防尘等特殊电气工程的基础知识;<br>(9)熟悉智能建筑弱电系统组成;<br>(10)了解现场施工管理知识 |
| 3 | 操作技能 | (1)熟练做好施工准备工作;<br>(2)能够完成10kV以下电缆工程的施工;<br>(3)能够参与完成10kV变配电所的安装;<br>(4)能够在指导下完成大型变压器的吊芯检查、干燥和交接试验;<br>(5)能够配合起重工完成变压器二次搬运和变压器就位安装;<br>(6)能够完成变压器的相序核查工作;<br>(7)能够在指导下完成10kV变配电所的各种开关装置的安装和检查调整;完成二次线路的敷设和检查试验;<br>(8)能够完成电动机线圈的干燥工作,电动机的控制设备安装和检查接线;能完成电动机的试运行并且正确填写调试记录;<br>(9)能够完成钢索配管配线工程、景观照明和水下照明安装调试;<br>(10)能够完成防爆电气线路和电气设备的安装调试和验收工作;<br>(11)能够完成起重器电气设备及保护装置的安装调试、试运行和填写调试记录;<br>(12)能够完成封闭插接式母线和安全型滑接式输电导管的安装调试工作; |

续表

| 项次 | 分 类 | 专 业 知 识 |
|------|------|-----------|
| 3 | 操作技能 | (13)能够完成智能建筑弱电系统设备安装、接线、核对地址编码,在指导下完成系统调试;<br>(14)能够安装热工仪表并正确接线;<br>(15)能够完成电梯调试前的电气检查,电梯基本功能的调试,电气故障排除;<br>(16)能够完成各类低压电气设备控制系统的安装调试工作;<br>(17)会校验一般电气测量仪表 |

（2）四级电气设备安装调试工职业技能,见表0-4。

表 0-4 职业技能四级电气设备安装调试工技能要求

| 项次 | 项 目 | 范 围 | 内 容 |
|------|-------|-------|-------|
| 安全生产知识 | 安全基础知识 | 法规与安全常识 | (1)安全生产法律、法规;<br>(2)技术、安全交底知识 |
| | 施工现场安全操作知识 | 安全操作 | (1)安全操作规程;<br>(2)安全文明施工 |
| | | 施工用电 | 现场临时施工用电的安装布置及安全要求 |
| 理论知识 | 基础知识 | 电子技术基础知识 | (1)电子元器件基本知识;<br>(2)晶体管电路基本知识;<br>(3)整流与稳压电路知识;<br>(4)数字集成电路知识;<br>(5)晶闸管技术与应用知识 |
| | | 电气识图 | 10kV变配电所的安装图、原理图、系统图、建筑结构图及零部件加工图 |
| | 专业知识 | 电气设备、用具交接和预防性试验标准 | 电力变压器;电流、电压互感器;断路器;隔离开关;电抗器;支柱绝缘子和套管;避雷器;电力电缆;绝缘拉杆;绝缘靴、手套 |
| | | 继电保护 | 常用继电保护装置和信号装置的工作原理 |

续表

| 项次 | 项目 | 范围 | 内容 |
|---|---|---|---|
| 理论知识 | 专业知识 | 变压器 | (1)特种变压器、电力变压器的用途、构造、特性及接线方法；<br>(2)变压器并联运行条件；<br>(3)变压器吊芯检查及干燥方法 |
| | | 旋转电机 | 直流电动机、交流异步电动机、交流同步电动机和特种电机的构造、特性、接线方法，电气故障的分析判断方法，电机抽芯检查及干燥方法 |
| | | 仪表 | (1)电工仪表的种类、用途、接线和安装方法；<br>(2)自控仪表的种类、用途、接线和安装方法 |
| | | 特殊电气工程 | (1)爆炸和火灾危险环境的区域划分；<br>(2)爆炸和火灾危险环境电气装置施工要求；<br>(3)防腐、防尘电气工程要求 |
| | | 智能建筑弱电工程 | (1)综合布线系统组成及工作原理；<br>(2)有线电视系统组成及工作原理；<br>(3)有线广播、音响系统组成及工作原理；<br>(4)火灾自动报警系统组成及工作原理；<br>(5)保安监控系统组成及工作原理；<br>(6)门禁对讲系统组成及工作原理；<br>(7)楼宇控制系统组成及工作原理 |
| | 相关知识 | 施工管理知识 | (1)施工班组管理知识；<br>(2)施工现场临时用电知识；<br>(3)质量管理、环境管理知识；<br>(4)电气计量知识 |
| | | 法律、法规 | (1)《劳动法》基本内容；<br>(2)《建筑法》有关内容；<br>(3)《电力法》有关内容 |

续表

| 项次 | 项 目 | 范 围 | 内 容 |
|---|---|---|---|
| 操作技能 | 基本操作技能 | 电力电缆 | (1)根据施工图纸画电缆排列图表；<br>(2)制作安装干包电缆头；<br>(3)制作环氧树脂终端头；<br>(4)制作室内、外壳式终端头；<br>(5)制作交联聚乙烯绝缘电缆热缩接头；<br>(6)判断处理一般电缆故障 |
| | | 变压器安装 | (1)在指导下完成大型变压器吊芯检查；<br>(2)变压器的干燥工作；<br>(3)配合起重工完成变压器二次搬运和就位安装；<br>(4)变压器的核相序工作；<br>(5)变压器的交接试验 |
| | | 高压开关、断路器安装 | (1)负荷开关、操作机构的安装与调整；<br>(2)隔离开关、操作机构的安装与调整；<br>(3)油断路器的解体检查与调整；<br>(4)真空断路器及操作机构的调整试验 |
| | | 电动机与控制设备 | (1)电动机抽芯检查和线圈的干燥工作；<br>(2)电动机的控制、保护及启动装置的安装和检查接线；<br>(3)电动机的试运行和填写调试记录 |
| | | 钢索配管、景观照明 | (1)预制加工及安装支架；<br>(2)钢索组装及吊管；<br>(3)景观照明的安装调试；<br>(4)水下照明的安装调试 |
| | | 防爆电器安装 | (1)爆炸危险场所钢管配线的敷设安装；<br>(2)防爆灯具的安装；<br>(3)防爆电器及防爆电机的安装接线；<br>(4)爆炸危险场所接地装置的安装 |
| | | 起重电器安装 | (1)滑接集电器的安装调整；<br>(2)起重机上电缆敷设、绝缘测试；<br>(3)电阻器、电磁铁、极限开关及撞杆的安装接线、调整试验；<br>(4)配电箱、控制电器的安装、接线及调整试验 |

| 项次 | 项　　目 | 范　　围 | 内　　容 |
|---|---|---|---|
| 操作技能 | 基本操作技能 | 插接母线、输电导管安装 | (1)封闭插接式母线的安装、调整、试验;<br>(2)安全型滑接式输电导管的安装、调整、试验 |
| | | 建筑弱电系统 | (1)建筑弱电系统布线;<br>(2)建筑弱电系统设备、器件的安装、接线、核对地址编码;<br>(3)在指导下完成系统调试 |
| | | 热工仪表安装 | (1)安装一次阀门;<br>(2)安装介质测温温度计、取压装置、节流装置及水层平衡容器;<br>(3)安装压力表、差压仪表及变送器;<br>(4)敷设仪表线路 |
| | | 电梯安装 | (1)电梯调试前的电气检查;<br>(2)电梯基本功能的调试;<br>(3)排除电梯楼层信号紊乱等电气故障 |
| | | 校验工程仪表 | (1)校验交、直流电流表;<br>(2)校验交、直流电压表;<br>(3)校验功率表、电能表;<br>(4)校验功率因数表 |
| | | 动力设备电气接线 | (1)锅炉类电气设备的安装、接线、检查及调试;<br>(2)泵类电气设备的安装、接线、检查及调试;<br>(3)冷冻冷水机类电气设备的安装、接线、检查及调试;<br>(4)通风、空调机类电气设备的安装、接线、检查及调试;<br>(5)通用机床类电气设备的安装、接线、检查及调试;<br>(6)焊接、电热设备的安装、接线、检查及调试 |
| | | 施工准备 | 根据施工图纸及施工条件,制定施工机具使用计划,提出主材和辅材计划 |

续表

| 项次 | 项　目 | 范　围 | 内　容 |
|------|--------|--------|--------|
| 操作技能 | 工具设备的使用与维护 | 高压用具及防护用品 | 高压测电笔、绝缘拉杆、放电装置、绝缘手套、绝缘靴的用途和使用方法 |
| | | 标准电工仪器仪表 | 交、直流电流表,交、直流电压表,功率表,电能表,功率因数表,电阻器,电秒表,标准电源和电流发生器等使用和维护 |

　　本书根据"职业技能标准"中关于电气设备安装调试工职业技能五级(初级工)、职业技能四级(中级工)和职业技能三级(高级工,安全及现场操作技能部分)的职业要求和技能要求编写,理论知识以易懂够用为准绳,重点突出既能满足职业技能培训需要,也能满足现场施工实际操作应用,提高工人操作技能水平的作用,也可供职业技能二级、一级的人员(技师及高级技师)参考应用。

**上篇** 电气设备安装调试工
岗位基础知识

# 第一章　电气设备安装调试工识图知识

## 第一节　建筑识图基本方法

### 一、施工图分类和作用

1. 施工图的产生

一项建筑工程项目从制订计划到最终建成，须经过一系列的环节，房屋的设计是其中一个重要环节。通过设计，最终形成施工图，作为指导房屋建设施工的依据。房屋的设计工作分为初步设计、施工图设计、技术设计三个阶段。对于大型、较为复杂的工程，设计时分三个阶段进行；一般工程的设计则常分初步设计和施工图设计两个阶段进行。

(1)初步设计。

当确定建造一幢房屋后，设计人员根据建设单位的要求，通过调查研究、收集资料、反复综合构思，作出的方案图，即为初步设计。内容包括建筑物的各层平面布置、立面及剖面形式、主要尺寸及标高、设计说明和有关经济指标等。初步设计应报有关部门审批。对于重要的建筑工程，应多作几个方案，并绘制透视图，加上色彩，以便建设单位及有关部门进行比较和选择。

(2)施工图设计。

在已批准的初步设计基础上，为满足施工的具体要求，分建筑、结构、采暖、给排水、电气等专业进行深入细致的设计，完成一套完整的反映建筑物整体及各细部构造、结构和设备的图样以及有关的技术资料，即为施工图设计，产生的全部图样称为施工图。

(3)技术设计。

技术设计是对重大项目和特殊项目进一步解决某些具体技术问题，或确定某些技术方案而进行的设计。具体地说，它是为进一步确定初步设计中所采用的工艺，解决建筑、结构上的主要技术问题，校正设备选择、建设规模及一些技术经济指标而对建设项目增加的一个设计阶段。有时可将技术设计的一部分工作纳入初步设计阶段，称为扩大初步设计,简称"扩初",另一部分工作则留在施工图设计阶段进行。

2. 建筑工程施工图的基本要求及分类

(1)建筑工程施工图的基本要求。

建筑工程施工图是一种能够准确表达建筑物的外形轮廓、大小尺寸、结构形式、构造方法和材料做法的图样,是沟通设计和施工的桥梁。施工图是设计单位最终的"技术产品",施工图设计的最终文件应满足四项要求:

1)能据以编制施工图预算;

2)能据以安排材料、设备订货和非标准设备的制作;

3)能据以进行施工和安装;

4)能据以进行工程验收。施工图是进行建筑施工的依据,施工图设计单位对建设项目建成后的质量及效果,负有相应的技术与法律责任。

因此,常说"必须按图施工"。即使是在建筑物竣工投入使用后,施工图也是对该建筑进行维护、修缮、更新、改建、扩建的基础资料。特别是一旦发生质量或使用事故,施工图则是判断技术与法律责任的主要依据。

(2)施工图的分类。

施工图纸一般按专业进行分类,分为建筑、结构、设备(给排水、采暖通风、电气)等几类,分别简称为"建施""结施""设施"("水施""暖施""电施")。每一种图纸又分基本图和详图两部分。基本图表明全局性的内容,详图表明某一局部或某一构件的详细尺寸和材料做法等。

1)建筑施工图:主要说明建筑物的总体布局、外部造型、内部布置、细部构造、装饰装修和施工要求等,其图纸主要包括总平面图、建筑平面图、建筑立面图、建筑剖面图、建筑详图等。

2)结构施工图:主要说明建筑的结构设计内容,包括结构构造类型,结构的平面布置,构件的形状、大小、材料要求等,其图纸主要有结构平面布置图、构件详图等。

3)设备施工图:包括给水、排水、采暖通风、电气照明等各种施工图,主要有平面布置图、系统图等。

3.施工图的编排顺序

一套建筑施工图往往有几十张，甚至几百张，为了便于看图，便于查找，应当把这些图纸按顺序编排。

建筑施工图的一般编排顺序：图纸目录、施工总说明、建筑施工图等。

各专业的施工图，应按图纸内容的主次关系进行排列。例如，基本图在前，详图在后；布置图在前，构件图在后；先施工工程的图在前，后施工工程的图在后等。

表1-1为施工图图纸目录，它是按照图纸的编排顺序将图纸统一编号，通常放在全套图纸的最前面。

表 1-1　　　　　　　　×××工程施工图目录

| 序　号 | 图　号 | 图　名 | 备　注 |
|--------|--------|--------|--------|
| 1 | 总施-1 | 工程设计总说明 | |
| 2 | 总施-2 | 总平面图 | |
| 3 | 建施-1 | 首层平面图 | |
| 4 | 建施-2 | 二层平面图 | |
| …… | | | |
| 13 | 结施-1 | 基础平面图 | |
| 14 | 结施-2 | 基础详图 | |
| …… | | | |
| 21 | 水施-1 | 首层给排水平面图 | |
| …… | | | |
| 28 | 暖施-1 | 首层采暖平面图 | |
| …… | | | |
| 30 | 电施1 | 首层电气平面图 | |
| 31 | 电施-2 | 二层电气平面图 | |
| …… | | | |

## 二、阅读施工图的基本方法

### 1.读图应具备的基本知识

施工图是根据投影原理,用图纸来表明房屋建筑的设计和构造做法的。因此,要看懂施工图的内容,必须具备以下基本知识:

(1)应熟练掌握投影原理和建筑形体的各种表示方法;

(2)熟悉房屋建筑的基本构造;

(3)熟悉施工图中常用图例、符号、线型、尺寸和比例等的意义和有关国家标准的规定。

### 2.阅读施工图的基本方法与步骤

要准确、快速地阅读施工图纸,除了要具备上面所说的基本知识外,还需掌握一定的方法和步骤。图纸的阅读可分三大步骤进行。

(1)第一步:按图纸编排顺序阅读。

通过对建筑的地点、建筑类型、建筑面积、层数等的了解,对该工程有一个初步的了解;

再看图纸目录,检查各类图纸是否齐全;了解所采用的标准图集的编号及编制单位,将图集准备齐全,以备查看;

然后按照图纸编排顺序,即建筑、结构、水、暖、电的顺序对工程图纸逐一进行阅读,以便对工程有一个概括、全面的了解。

(2)第二步:按工序先后,相关图纸对照读。

先从基础看起,根据基础了解基坑的深度,基础的选型、尺寸、轴线位置等,另外还应结合地质勘探图,了解土质情况,以便施工中核对土质构造,保证施工质量;然后按照基础→结构→建筑的顺序,并结合设备施工程序进行阅读。

(3)第三步:按工种分别细读。

由于施工过程中需要不同的工种完成不同的施工任务,所以为了全面准确地指导施工,考虑各工种的衔接以及工程质量和安全作业等措施,还应根据各工种的施工工序和技术要求将图纸进一步分别细读。例如,砌筑工要了解墙厚、墙高、门窗洞口尺寸、窗口是否有窗套或装饰线等;钢筋工则应细看有钢筋的图纸,这样才能配料和绑扎。

总之,施工图阅读总原则是,从大到小、从外到里、从整体到局部,有关图纸对照读,并注意阅读各类文字说明。看图时应将理论与实践相结合,联系生产实践,不断反复阅读,才能尽快地掌握方法,全面指导施工。

# 第二节　电气工程图种类与内容

## 一、电气工程图分类

### 1.电气图的表达形式及用途

电气图一般是指用电气图形符号、带注释的围框或简化外形表示电气系统或设备中的组成部分之间相互关系及其连接关系的一种图。

具体而言,按照表达形式和用途的不同,电气图可分为以下几种:

(1)系统图或框图。用符号或带注释的框,概略表示系统或分系统的基本组成、相互关系及其主要特征的一种简图。

(2)电路图。用图形符号并按工作顺序,详细表示电路、设备或成套装置的全部组成和连接关系,而不考虑其实际位置的一种简图。

(3)功能图。表示理论的或理想的电路而不涉及实现方法的一种图,其用途是提供绘制电路图或其他有关图的依据。

(4)逻辑图。主要用二进制逻辑单元图形符号绘制的一种简图,是只表示功能而不涉及实际方法的逻辑图。

(5)功能表图。表示控制系统的作用和状态的一种图。

(6)等效电路图。表示理论的或理想元件及其连接关系的一种功能图。

(7)程序图。详细表示程序单元和程序片及其互连关系的一种简图。

(8)设备元件表。把成套装置、设备和装置中各组成部分及相应数据列成表格。

(9)端子功能图。表示功能单元全部外接端子,并用功能图、表图或文字表示其内部功能的一种简图。

(10)接线图或接线表。表示成套装置、设备或装置的连接关系,用以进行接线和检查的一种简图。

(11)数据单。对特定项目给出详细的信息资料。

(12)位置简图或位置图。表示成套装置、设备或装置中各个项目的位置的一种简图或一种图,统称为位置图。

2. 电气工程图

电气工程图是表示电力系统中的电气线路及各种电气设备、元件,电气装置的规格、型号、位置、数量、装配方式及其相互关系和连接的安装工程设计图。

(1)电气工程图种类。电气工程图的种类很多,按电气工程规模的大小,通常分为:

1)内线工程。

①照明系统图。

②动力系统图。

③电话工程系统图。

④共用天线电视系统图。

⑤防雷系统图。

⑥消防系统图。

⑦防盗保安系统图。

⑧广播系统图。

⑨变配电系统图。

⑩空调系统图。

2)外线工程。

①架空线路图。

②电缆线路图。

③室外电源配电线路图。

(2)电气设备安装施工图分类。电气设备安装施工图按其表现内容的不同分为以下几种类型。

1)首页。首页主要内容包括图纸目录和设计说明两大部分。

①图纸目录包括序号、图纸名称、编号、张数等。

②设计说明主要阐述电气工程的设计依据,基本指导思想和原则,图纸中未能清楚表明的工程特点,安装方式,工艺要求,特殊设备的安

装说明,有关施工中注意的事项。图例即图形符号,通常只列出本套图纸涉及的图例,设备材料明细表列出了该电气工程所需要的主要电气材料和设备名称、规格、型号和数量。

2)电气平面图。电气平面图是表示电气设计的平面布置图,根据使用要求不同分为电气照明平面图、电力平面图、弱电系统平面图、防雷平面图等。电气平面图主要包括如下内容。

①电源进线和电源配电箱及各分配电箱的形式、安装位置以及电源配电箱内的电气系统。

②照明线路中导线的根数、型号、规格、走向、敷设位置、配线方式及导线连接方式等。

③照明灯具类型、灯泡、灯管的功率、灯具安装方式、安装位置等。

④照明开关的类型、安装位置及接线等。

⑤插座及其他日用电器的类型、容量、安装位置及接线等。

对多层建筑物,每一层应有一张平面图,对相同布置的可用一张图纸来代替,称为标准层平面图,且照明平面图、电力平面图应分别绘制。

3)电气系统图。电气系统图从总体上描述系统,它是各种电气装置成套电气图的第一张图,它是设计人员编制更为详细的其他电气图的基础,是进行有关电气计算,选择主要电气设备,拟定供电方案的依据,具体体现的内容为电源引线、干线和分干线的规格和型号,相数及线路编号、设备型号及电气设备安装容量等。

4)电气控制原理图。在一般施工中,由于电气设备使用的是定型产品,原理图一般附于产品说明书内。

5)电气材料表。电气材料表是把某一电气工程所需主要设备、元件、材料和有关数据列成表格,表示其名称、符号、型号、规格、数量、备注(生产厂家)等内容。它一般位于图中某一位置,应与图联系起来阅读。

**二、电气工程图的内容**

电气工程图也像土建图一样,需要正确、齐全、简明地把电气安装内容表达出来。一般电气工程图纸由以下几方面组成。

1. 目录

一般与土建施工图同用一张目录表,表上注明电气图的名称、内容、编号顺序，如电施-01、电施-02 等。

2. 电气设计说明

电气设计说明都放在电气施工图之前，说明设计要求。如说明：

(1)电源来路，内外线路，强弱电及电气负荷等级。

(2)建筑构造要求，结构形式。

(3)施工注意事项及要求。

(4)线路材料及敷设方式（明、暗线）。

(5)各种接地方式及接地电阻。

(6)需检验的隐蔽工程和电器材料等。

3. 电器规格做法表

电器规格做法表主要说明该建筑工程的全部用料及规格做法，其形式见表 1-2。

表 1-2　　　　　　　　　　　　电器规格做法表

| 序号 | 图例 | 名称 | 规格 | 单位 | 数量 | 备注 |
|---|---|---|---|---|---|---|
| 1 | ✕ | 裸灯头 | 1×60W | 套 | 160 | — |
| 2 | ▬ | 照明配电箱 | XADP-R1 | 台 | 16 | — |
| 3 |  | 红外线感应开关 | R86KHWX | — | 8 | 安装高度 1400mm |
| 4 | ⊗ | 平顶圆吸顶灯 | 1×60W | — | 8 |  |
| 5 |  | 防潮防溅接地单相插座 | R86Z223 F-10-I | — | 16 | 安装高度 1400mm |
| 6 |  | 吊扇 | 预留吊钩 | — | 16 |  |
| 7 |  | 风扇调速开关 | 预留接线盒 | — | 16 | 安装高度 1400mm |

4. 电气外线总平面图

大多采用单独绘制，有的为节省图纸就在建筑总平面图上标出电线走向、电杆位置，不单绘电气总平面图。如在旧有的建筑群中，原有电气外线均已具备，一般只在电气平面图上建筑物外界标出引入线位置，不必单独绘制外线总平面图。

5. 电气系统图

电气系统图主要是标示强电系统和弱电系统连接的示意图,可从中了解建筑物内的配电情况。图上标示出配电系统导线型号、截面、采用管径以及设备容量等。

6. 电气施工平面图

电气施工平面图包括动力、照明、弱电、防雷等各类电气平面布置图。图上表明电源引入线位置,安装高度,电源方向;配电盘、接线盒位置;线路敷设方式、根数;各种设备的平面位置,电器容量、规格,安装方式和高度;开关位置等。

7. 电器大样图

凡做法有特殊要求的,又无标准件的,图纸上就绘制大样图,注出详细尺寸,以便制作。

# 第三节　电气工程图线型与符号

## 一、线型

建筑电气专业常用的制图图线、线型及线宽宜符合表 1-3 的规定。

表 1-3　　　　　　　　　　图线、线型及线宽

| 图线名称 | | 线　型 | 线宽 | 一般用途 |
|---|---|---|---|---|
| 实线 | 粗 | —————— | $b$ | 本专业设备之间电气通路连接线、本专业设备可见轮廓线、图形符号轮廓线 |
| | 中粗 | —————— | $0.7b$ | |
| | 中 | —————— | $0.5b$ | 本专业设备可见轮廓线、图形符号轮廓线、方框线、建筑物可见轮廓线 |
| | 细 | —————— | $0.25b$ | 非本专业设备可见轮廓线,尺寸、标高、角度等标注线及引出线 |

| 图线名称 | | 线　型 | 线宽 | 一　般　用　途 |
|---|---|---|---|---|
| 虚线 | 粗 | — — — — — | $b$ | 本专业设备之间电气通路隐含连接线；线路改造中原有线路 |
| | 中粗 | – – – – – – | $0.7b$ | 本专业设备不可见轮廓线、地下电缆沟、排管区、隧道、屏蔽线、机械连锁线 |
| | 中 | - - - - - - - | $0.5b$ | |
| | 细 | - - - - - - - - - - | $0.25b$ | 非本专业设备不可见轮廓线，地下管沟、建筑物不可见轮廓等 |
| 波浪线 | 粗 | ∿∿∿∿∿ | $b$ | 本专业软管、护套保护的电气通路连接线、蛇形敷设缆线 |
| | 细 | ∿∿∿ | $0.25b$ | 断开界线 |
| 单点画线 | | –·–·–·–·– | $0.25b$ | 轴线、中心线、结构、功能、单元相同围框线 |
| 长短画线 | | —·—·—·— | $0.25b$ | 结构、功能、单元相同围框线 |
| 双点画线 | | –··–··–··– | $0.25b$ | 辅助围框线 |
| 折断线 | | ———∿——— | $0.25b$ | 断开界线 |

## 二、文字符号

导线型号、线路敷设方式、线路敷设部位、灯具常见安装方式的文字符号见表 1-4～表 1-8。

表 1-4　　　　　　　　　常用导线型号

| 导线型号 | 导线名称 | 导线型号 | 导线名称 |
|---|---|---|---|
| BX | 铜芯橡皮线 | RVS | 铜芯塑料绞型软线 |
| BV | 铜芯塑料线 | RVB | 铜芯塑料平型软线 |
| BLX | 铝芯橡皮线 | BXF | 铜芯氯丁橡皮线 |
| BLV | 铝芯塑料线 | BLXF | 铝芯氯丁橡皮线 |
| BBLX | 铝芯玻璃丝橡皮线 | IJ | 裸铝绞线 |

**表 1-5**　　　　　　　　　　　　线路敷设方式文字符号表

| 序号 | 名　称 | 标注文字符号 |
|---|---|---|
| 1 | 穿低压流体输送用焊接钢管敷设 | SC |
| 2 | 穿电线管敷设 | MT |
| 3 | 穿可挠金属电线保护套管敷设 | CP |
| 4 | 穿硬塑料导管敷设 | PC |
| 5 | 穿阻燃半硬塑料导管敷设 | FPC |
| 6 | 电缆桥架敷设 | CT |
| 7 | 金属线槽敷设 | MR |
| 8 | 塑料线槽敷设 | PR |
| 9 | 钢索敷设 | M |
| 10 | 直埋敷设 | DB |
| 11 | 电缆沟敷设 | CT |
| 12 | 混凝土排管敷设 | CE |

**表 1-6**　　　　　　　　　　　　线路敷设部位的标注

| 序号 | 名　称 | 标注文字符号 |
|---|---|---|
| 1 | 沿或跨梁(屋架)敷设 | AB |
| 2 | 沿或跨柱敷设 | AC |
| 3 | 沿天棚或顶板面敷设 | CE |
| 4 | 吊顶内敷设 | SCE |
| 5 | 沿墙面敷设 | WS |
| 6 | 暗敷设在屋面或顶板内 | CC |
| 7 | 暗敷设在梁内 | BC |
| 8 | 暗敷设在柱内 | CLC |
| 9 | 暗敷设在墙内 | WC |
| 10 | 暗敷设在地板或地面下 | FC |

**表 1-7** 灯具常见安装方式的文字符号

| 序号 | 名　称 | 标注文字符号 |
|---|---|---|
| 1 | 线吊式 | SW |
| 2 | 链吊式 | CS |
| 3 | 管吊式 | DS |
| 4 | 壁吊式 | W |
| 5 | 吸顶式 | C |
| 6 | 嵌入式 | R |
| 7 | 顶棚内安装 | CR |
| 8 | 墙壁内安装 | WR |
| 9 | 支架上安装 | S |
| 10 | 柱上安装 | CL |
| 11 | 座装 | HM |

**表 1-8** 灯具常见安装方式

| 文字符号 | 含　义 | 文字符号 | 含　义 |
|---|---|---|---|
| X | 自在器线吊式 | G | 管吊式 |
| X1 | 固定线吊式 | B | 壁装式 |
| X2 | 防水线吊式 | D | 吸顶式 |
| L | 链吊式 | R | 嵌入式 |

如图 1-1 所示的进户线"BLV(3×25+1×10)MR70-WS",表示三根截面面积为25mm$^2$和一根截面面积为 10mm$^2$ 的铝芯塑料导线,金属线槽(管径 70mm)敷设,沿墙敷设在墙内。

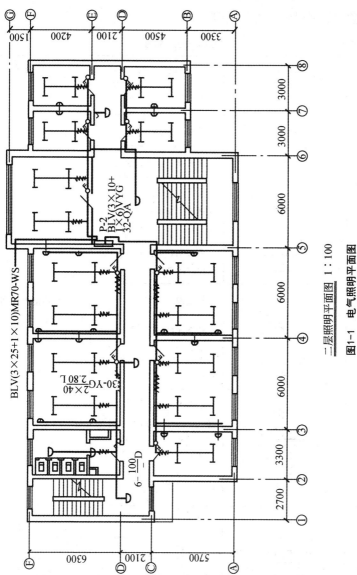

二层照明平面图 1:100

图1-1 电气照明平面图

### 三、电气工程常用图形符号

常用的强电图形符号见表1-9。

表 1-9 常用强电图形符号

| 序号 | 符 号 | 说 明 | 应用类别 |
|------|-------|-------|----------|
| 1 | --- DC | 直流 | |
| 2 | ∿ AC | 交流 | |
| 3 | ⏚ | 接地,地,一般符号 | |
| 4 | ——— | 连线,一般符号(导线,电缆,电线,传输通路,电信线路) | |
| 5 | 3 | 导线组(示出导线数,如示出三根导线) | |
| 6 | ∿ | 软连接 | 用于功能性文件和位置文件 |
| 7 | | 绞合连接;示出两根导线 | |
| 8 | | 电缆中的导线;示出三根导线 | |
| 9 | | 电缆中的导线示例:五根导线,其中箭头所指两根在同一电缆内 | |
| 10 | L1 L3 | 相序变更(换位) | |
| 11 | ○ | 端子 | |
| 12 | ▯▯▯▯▯ | 端子板 | |
| 13 | | 阴接触件(连接器的)、插座 | 用于功能性文件 |

续表

| 序号 | 符　号 | 说　明 | 应用类别 |
|------|--------|--------|----------|
| 14 |  | 阳接触件、插头 | 用于功能性文件和位置文件 |
| 15 |  | 插头和插座 |  |
| 16 |  | 电阻器,一般符号 |  |
| 17 | 形式一　形式二 | T型连接 | 用于功能性文件(形式一可用于位置文件) |
| 18 | 形式一　形式二 | 导线的双T连接 | 用于功能性文件 |
| 19 | 形式一　形式二 | 跨接连接(跨越连接) |  |
| 20 |  | 屏蔽(符号可画成任何方便的形状) |  |
| 21 |  | 边界线(用于外壳、外形) |  |
| 22 | 形式一　形式二 | 连接(机械连接、气动连接、液压连接、光学连接、功能连接、无线电连接),符号的长度取决于图面的布局 | 用于功能性文件和位置文件 |
| 23 |  | 定向连接 |  |
| 24 |  | 进入线束的点(本符号不适用于表示电气连接) |  |
| 25 |  | 电容器,一般符号 |  |

| 序号 | 符　号 | 说　明 | 应 用 类 别 |
|------|--------|--------|-------------|
| 26 | | 电机,一般符号 | 用于位置文件 |
| 27 | | 隔离器 | |
| 28 | | 隔离开关 | |
| 29 | | 带自动释放功能的隔离开关(具有由内装的测量继电器或脱扣器触发的自动释放功能) | |
| 30 | | 断路器 | |
| 31 | | 带隔离功能断路器 | 用于功能性文件 |
| 32 | | 剩余电流保护开关 | |
| 33 | | 熔断器式开关 | |
| 34 | | 熔断器式隔离器 | |
| 35 | | 熔断器式隔离开关 | |

续表

| 序号 | 符 号 | 说 明 | 应 用 类 别 |
|------|-------|-------|-------------|
| 36 | | 接触器;接触器的主动合触点(在非操作位置上触点断开) | |
| 37 | | 接触器;接触器的主动断触点(在非操作位置上触点闭合) | |
| 38 | | 熔断器,一般符号 | |
| 39 | | 火花间隙 | |
| 40 | | 避雷器 | 用于功能性文件 |
| 41 | | 动合(常开)触点,一般符号开关,一般符号 | |
| 42 | | 动断(常闭)触点 | |
| 43 | | 先断后合的转换触点 | |
| 44 | | 中间断开的转换触点 | |

| 序号 | 符 号 | 说 明 | 应用类别 |
|---|---|---|---|
| 45 | 形式一　形式二 | 先合后断的双向转换触点 | |
| 46 | | 延时闭合的动合触点(当带该触点的器件被吸合时,此触点延时闭合) | |
| 47 | | 延时断开的动合触点(当带该触点的器件被释放时,此触点延时断开) | |
| 48 | | 延时断开的动断触点(当带该触点的器件被吸合时,此触点延时断开) | |
| 49 | | 延时闭合的动断触点(当带该触点的器件被释放时,此触点延时闭合) | 用于功能性文件 |
| 50 | E | 自动复位的手动按钮开关 | |
| 51 | F | 无自动复位的手动旋转开关 | |
| 52 | | 具有动合触点且自动复位的蘑菇头式的应急按钮开关 | |

| 序号 | 符　号 | 说　明 | 应 用 类 别 |
|---|---|---|---|
| 53 | 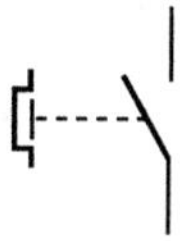 | 带有防止无意操作的手动控制的具有动合触点的按钮开关 | |
| 54 | 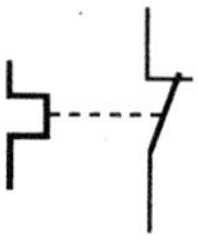 | 热继电器,动断触点 | |
| 55 |  | 液位控制开关,动合触点 | |
| 56 |  | 液位控制开关,动断触点 | |
| 57 | 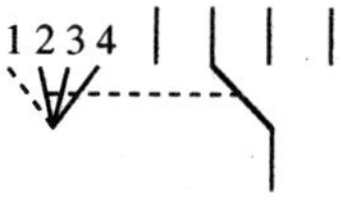 1 2 3 4 | 带位置图示的多位开关,最多四位 | 用于功能性文件 |
| 58 | 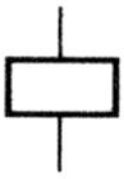 | 继电器线圈,一般符号;驱动器件,一般符号(选择器的操作线圈) | |
| 59 | 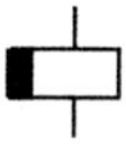 | 缓慢释放继电器线圈 | |
| 60 | 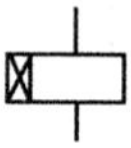 | 缓慢吸合继电器线圈 | |
| 61 | 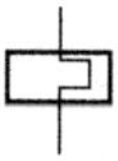 | 热继电器的驱动器件 | |
| 62 |  V | 电压表 | |

续表

| 序号 | 符  号 | 说  明 | 应用类别 |
|------|---------|---------|-----------|
| 63 | Wh | 电度表(瓦时计) | 用于功能性文件 |
| 64 | Wh | 复费率电度表(示出二费率) | |
| 65 | ⊗ | 信号灯①,一般符号 | 用于功能性文件和位置文件 |
| 66 | | 音响信号装置,一般符号(电喇叭、电铃、单击电铃、电动汽笛) | |
| 67 | | 报警器 | 用于位置文件 |
| 68 | | 蜂鸣器 | |
| 69 | E | 接地线 | 用于功能性文件和位置文件 |
| 70 | LP | 避雷线避雷带避雷网 | |
| 71 | • | 避雷针 | 用于位置文件 |
| 72 | ─○─ | 架空线路 | |

续表

| 序号 | 符　号 | 说　明 | 应用类别 |
|------|--------|--------|----------|
| 73 | | 电缆梯架、托盘、线槽线路<br>注:本符号用电缆桥架轮廓和连线组合而成 | 用于功能性文件和位置文件 |
| 74 | | 电缆沟线路<br>注:本符号用电缆沟轮廓和连线组合而成 | |
| 75 | | 中性线 | |
| 76 | | 保护线 | |
| 77 | PE | 保护接地线 | |
| 78 | | 保护线和中性线共用线 | |
| 79 | | 带中性线和保护线的三相线路 | |
| 80 | | 向上配线;向上布线 | |
| 81 | | 向下配线;向下布线 | |
| 82 | | 垂直通过配线;垂直通过布线 | 用于位置文件 |
| 83 | | 人孔,用于地井 | |
| 84 | | 手孔的一般符号 | |

续表

| 序号 | 符　号 | 说　明 | 应用类别 |
|---|---|---|---|
| 85 | | (电源)插座、插孔,一般符号(用于不带保护极的电源插座) | |
| 86 | 形式一　　形式二 | 多个(电源)插座,符号表示三个插座 | |
| 87 | | 带保护极的(电源)插座 | |
| 88 | | 单相二、三极电源插座 | |
| 89 | | 带保护极的单极开关的(电源)插座 | |
| 90 | | 带隔离变压器的(电源)插座(剃须插座) | 用于位置文件 |
| 91 | | 开关,一般符号,单联单控开关 | |
| 92 | | 双联单控开关 | |
| 93 | | 三联单控开关 | |
| 94 | | $n$ 联单控开关,$n>3$ | |
| 95 | | 带指示灯的开关,带指示灯的单联单控开关 | |
| 96 | | 带指示灯双联单控开关 | |

续表

| 序号 | 符　号 | 说　　明 | 应 用 类 别 |
|---|---|---|---|
| 97 | | 带指示灯的三联单控开关 | |
| 98 | n | 带指示灯的 $n$ 联单控开关,$n>3$ | |
| 99 | t | 单极限时开关 | |
| 100 | | 双控单极开关 | |
| 101 | | 单极拉线开关 | |
| 102 | | 风机盘管三速开关 | 用于位置文件 |
| 103 | | 按钮 | |
| 104 | | 带有指示灯的按钮 | |
| 105 | | 防止无意操作的按钮(例如借助于打碎玻璃罩进行保护) | |
| 106 | ★ | 灯[①],一般符号 | |
| 107 | E | 应急疏散指示标志灯 | |
| 108 | → | 应急疏散指示标志灯(向右) | |
| 109 | ← | 应急疏散指示标志灯(向左) | |

续表

| 序号 | 符 号 | 说 明 | 应用类别 |
|------|--------|--------|----------|
| 110 | | 应急疏散指示标志灯(向左、向右) | |
| 111 | | 自带电源的应急照明灯 | |
| 112 | | 荧光灯,一般符号,单管荧光灯 | |
| 113 | | 二管荧光灯 | 用于位置文件 |
| 114 | | 三管荧光灯 | |
| 115 | | 多管荧光灯,$n>3$ | |
| 116 | | 投光灯,一般符号 | |
| 117 | | 聚光灯 | |

注:如果要求指示颜色,则在靠近符号处标出下列字母,RD—红,YE—黄,GN—绿,BU—蓝,WH—白。

# 第四节　电气工程图的识读

## 一、电气施工图看图步骤

(1)按目录核对图纸数量、查出涉及的标准图。

(2)详细阅读设计施工说明,了解材料表内容及电气设备型号含义。

(3)分析电源进线方式,及导线规格、型号。

(4)仔细阅读电气平面图,了解和掌握电气设备的布置,线路编号、走向,导线规格、根数及敷设方法。

(5)对照平面图,查看系统图,分析线路的连接关系,明确配电箱的位置、相互关系及箱内电气设备安装情况。

## 二、电气施工图识读的注意事项

(1)必须熟悉电气施工图的图例、符号、标注及画法。

(2)必须具有相关电气安装与应用的知识和施工经验。

(3)能建立空间思维,正确确定线路走向。

(4)电气图与土建图对照识读。

(5)明确施工图识读的目的,准确计算工程量。

(6)善于发现图中的问题,在施工中加以纠正。

## 三、电气施工图识读要点

### 1. 识读室内电气施工图的一般方法

(1)应按阅读建筑电气工程图的一般顺序进行阅读。首先应阅读相对应的室内电气系统图,了解整个系统的基本组成、相互关系,做到心中有数。

(2)阅读设计说明。平面图常附有设计或施工说明,以表达图中无法表示或不易表示,但又与施工有关的问题。有时还给出设计所采用的非标准图形符号。了解这些内容对进一步读图是十分必要的。

(3)了解建筑物的基本情况,如房屋结构、房间分布与功能等。因电气管线敷设及设备安装与房屋的结构有直接关系。

(4)熟悉电气设备、灯具等在建筑物内的分布及安装位置,同时要了解它们的型号、规格、性能、特点和对安装的技术要求。对于设备的性能、特点及安装技术要求,往往要通过阅读相关技术资料及施工验收规范来了解。

(5)了解各支路的负荷分配情况和连接情况。在了解了电气设备的分布之后,就要进一步明确它是属于哪条支路的负荷,从而弄清它们之间的连接关系,这是最重要的。一般从进线开始,经过配电箱后,一条支路一条支路地阅读。如果这个问题解决不好,就无法进行实际配线施工。

由于动力负荷多是三相负荷,所以主接线连接关系比较清楚。然而照明负荷都是单相负荷,而且照明灯具的控制方式多种多样,加上施工配线方式的不同,对相线、零线、保护线的连接各有要求,所以其连接关系较复杂。如相线必须经开关后再接灯座,而零线则可直接进灯座,保护线则直接与灯具金属外壳相连接。这样就会在灯具之间、灯具与开关之间出现导线根数的变化。其变化规律要通过熟悉照明基本线路和配线基本要求才能掌握。

(6)室内电气平面图是施工单位用来指导施工的依据,也是施工单位用来编制施工方案和编制工程预算的依据。而常用设备、灯具的具体安装图却很少给出,这只能通过阅读安装大样图(国家标准图)来解决。所以阅读平面图和阅读安装大样图应相互结合起来。

(7)室内电气平面图只表示设备和线路的平面位置而很少反映空间高度。但是我们在阅读平面图时,必须建立起空间概念。这对预算技术人员特别重要,可以防止在编制工程预算时,造成垂直敷设管线的漏算。

(8)相互对照、综合看图。为避免建筑电气设备及电气线路与其他建筑设备及管路在安装时发生位置冲突,在阅读室内电气平面图时要对照阅读其他建筑设备安装工程施工图,同时还要了解规范要求。

2. 室内电气照明工程系统图的识读

读懂系统图,对整个电气工程就有了一个总体的认识。

电气照明工程系统图是表明照明的供电方式、配电线路的分布和相互联系情况的示意图,图上标有进户线型号、芯数、截面积以及敷设方法和所需保护管的尺寸,总电表箱和分电表箱的型号,供电线路的编号、敷设方法、容量,管线的型号、规格。

3. 室内电气照明工程平面图的识读

根据平面图标示的内容,识读平面图要沿着电源、引入线、配电箱、引出线、用电器具这样沿“线”来读。在识读过程中,要注意了解导线根数、敷设方式,灯具型号、数量、安装方式及高度,插座和开关安装方式、安装高度等内容。

# 第二章　常用电工工具与仪表

## 第一节　常用电工工具

### 一、挤压钳

挤压钳用来压接导线线鼻子,分为两种:一种是机械式的,扳动一根手柄,作用在同一个轴上螺旋方向相反的螺杆两端带动冲头,将线鼻子与芯线牢牢挤压在一起;另一种是液压式的,压动手柄,驱动活塞将冲头压入线鼻子内,与芯线牢牢挤压在一起。

挤压接头与焊接相比有很多优点:一是接触好;二是不用加热;三是操作方便;四是连接稳定可靠。

### 二、电烙铁

电烙铁主要用来焊接电路和导线。电烙铁按其功率从 $15\sim500\text{W}$ 有各种不同的规格。

使用电烙铁要注意安全,防止烫伤,同时要远离易燃物品,防止火灾。

### 三、紧线钳

紧线钳主要是用来收紧架空线路的。紧线钳的一端做成小型的台虎钳口,另一端装一个滚轮,与滚轮装在同一个轴上的还有一个棘轮,滚轮的另一端连着一个四方轴头。使用时将钳口夹住导线,将导线的端头绕过对拉瓷瓶,与紧线钳的另一端滚轮上引出的钢丝绳牢固连接。用扳手转动四方轴头,就带动装在同一根轴上的滚轮和棘轮向同一个方向转动,固定在滚轮上的细钢丝绳就被缠绕在滚轮上,钢丝绳的另一端带动绕过瓷瓶的导线,越拉越紧。当紧到合适的程度时,将导线绕过瓷瓶的两端牢牢地绑扎在一起,紧线工作就完成了。由于棘轮只能向一个方向转动,线路只能往一个方向缠绕,所以线不会松开。要拆下紧线钳时,只需将顶着棘轮的棘爪扳开,紧线钳就可以拆下。

# 第二节　常用防护用具

## 一、绝缘安全用具

绝缘安全用具分为两大类:一类是基本安全用具,它的绝缘强度高,用来直接接触高压带电体,足以耐受电气设备的工作电压,如高压绝缘拉杆(零克棒)等;另一类是辅助安全用具,它的绝缘强度相对较低,不能作为直接接触带电体的用具使用,如绝缘手套、绝缘靴、绝缘鞋等。

使用基本安全用具首先要查看耐压试验的合格证及试验日期。这些信息一般都用标签的形式粘贴在用具上,基本安全用具的耐压试验周期一般为一年。如果超过期限,就不得使用。使用辅助安全用具,除了按照上述要求检查之外,还要做一些性能检验,如绝缘手套要做充气检验,看一下是否漏气。基本安全用具与辅助安全用具是同时配合使用的。

## 二、临时接地线

临时接地线是在电气设备检修时,将检修停电区与非停电区用短路接地的方式隔开并保护起来的一种安全用具。它的作用主要是防止突然来电造成的触电事故,同时还可以用来防止临近高压设备对检修停电区造成的感应电压伤及作业人员。

使用临时接地线要注意的操作顺序:先停电,再验电,确认无电才能挂接地线,接线时,一定要先接接地端,再接线路端。拆除时顺序相反,一定要先拆线路端,后拆接地端,以防在挂、拆过程中突然来电,危及操作人员安全。临时接地线要用多股软铜线制作,截面积不得小于 $25mm^2$。

## 三、登高作业安全用具

安全带是电工登高作业的必备安全用具。在使用前,要确认是否为合格产品,还要检查安全带和连接铁件是否牢固、安全、可靠,发现损坏不得使用。电工安全带由长、短两根带子钉在一起组成,短带拴在腰上,长带拴在电杆或其他牢固的位置,既要防止作业人员高处坠落,又要保证作业人员工作时有一定的舒适性。

### 四、安全标示牌

安全标示牌有很多种，电工用的主要有"止步，高压危险""有人工作，禁止合闸"等。它的作用主要是警告有关人员不得接近带电体、提醒有关人员不得向某段电气设备送电。

### 五、验电笔

验电笔是用来检验电气设备是否带电的用具。验电笔分为高压和低压两种。低压验电笔一般做成钢笔或螺丝刀的形状，便于携带，还有多种实用功能。低压验电笔测量的电压范围在 $60 \sim 500V$。高压验电笔的原理和低压验电笔基本一样，只是电阻更大，笔杆更长。

使用时要捏住笔杆后面的金属部分，也就是验电时，人体成了验电回路的一部分。由于验电笔中串联的电阻电阻值很大，不会威胁到人身安全。

验电笔在使用前应做检验。检验的方法是用验电笔先验已知带电的设备，确认验电笔是好的，再用此验电笔去检验被测设备，确认是否带电。

## 第三节　常用电工仪表

电工仪表是用于测量电压、电流、功率、电能等电气参数的仪表。常用的电工仪表有万用表、钳形电流表、兆欧表、接地电阻表等。电工仪表的一个重要参数就是准确度，电工仪表准确度分为 7 级，各级仪表允许误差见表 2-1。

表 2-1　　　　　　　　　　电工仪表准确度等级

| 仪表准确度等级 | 0.1 | 0.2 | 0.5 | 1.0 | 1.5 | 2.5 | 5.0 |
|---|---|---|---|---|---|---|---|
| 基本误差/（%） | ±0.1 | ±0.2 | ±0.5 | ±1.0 | ±1.5 | ±2.5 | ±5.0 |

仪表准确度等级的数字是指仪表本身在正常工作条件下的最大误差占满刻度的百分数。正常条件下，最大绝对误差是不变的，但在满刻

度限度内,被测量的值越小,测量值中误差所占的比例越大。因此,为提高精确度,在选用仪表时,要使测量值在仪表满刻度的 2/3 以上。

### 一、万用表

万用表是常用的多功能、多量程的电工仪表,一般可用来测量直流电压、直流电流、交流电压和电阻等。常用的万用表见图 2-1。

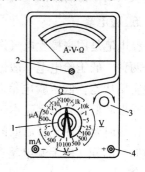

用万用表测量时,测电压要将万用表并联接入电路,测电流时应将万用表串联接入电路,测直流时要注意正负极性,同时要将测量转换开关转到相应的挡位上。

使用万用表时应注意以下几点。

(1)转换开关一定要放在需测量挡的位置上,不能放错,以免烧坏仪表。

(2)根据被测量项目,正确接好万用表。

**图 2-1 MF30 型万用表面板图**
1—量程选择开关;2—调零螺钉;
3—测电阻的调零旋钮;4—插接孔

(3)选择量程时,应由大到小,选取适当位置。测电压、电流时,最好使指针指在标度尺 1/2~2/3 以上的地方;测电阻时,最好选在刻度较稀的地方和中心点,转换量程时,应将万用表表笔从电路上取下,再转动转换开关。

(4)测量电阻时,应切断被测电路的电源。

(5)测直流电流、直流电压时,应将红色表笔插在红色或标有"+"的插孔内,另一端接被测对象的正极;黑色表笔插在黑色或标有"-"的插孔内,另一端接被测对象的负极。

(6)万用表不用时,应将转换开关拨到交流电压最高量程挡或关闭挡。

### 二、兆欧表

兆欧表俗称摇表、绝缘摇表,见图 2-2,主要用于测量电气设备的绝缘电阻,如电动机、电气线路的绝缘电阻,判断设备或线路有无漏电、绝缘损坏或短路。

万用表虽然也能测得数千欧的绝缘阻值,但它所测得的绝缘阻值,只能作为参考。因为万用表所使用的电源电压较低,绝缘物质在电压较低时不易击穿,而一般被测量的电气设备,均要接在较高的工作电压上,为此,绝缘电阻只能采用兆欧表来测量。一般还规定在测量额定电压 500V 以上的电气设备的绝缘电阻时,必须选用 1000～2500V 兆欧表。测量额定电压 500V 以下的电气设备,则以选用 500V 兆欧表为宜。

兆欧表工作示意见图 2-3～图 2-5。

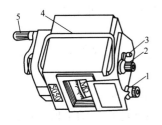

图 2-2　兆欧表

1—接线柱 E;2—接线柱 L;

3—接线柱 G;4—提手;5—摇把

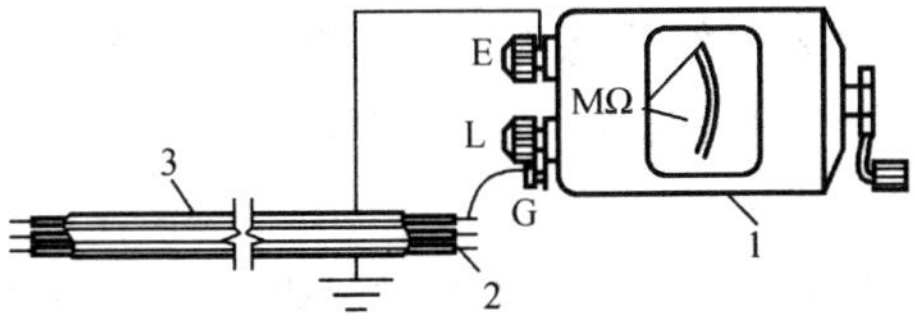

图 2-3　测量照明或动力线路的绝缘电阻

1—兆欧表;2—导线;3—钢管

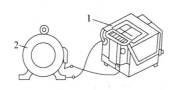

图 2-4　测量电机绝缘电阻

1—兆欧表;2—电动机

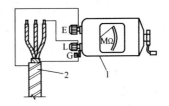

图 2-5　测量电缆的绝缘电阻

1—兆欧表;2—电缆

(1)正确选择其电压和测量范围。选用兆欧表的电压等级应根据被测电气设备的额定电压而定:一般测量 50V 以下的用电设备绝缘电阻,可选用 250V 兆欧表;50～380V 的用电设备检查绝缘情况,可选用 500V 兆欧表。500V 以下的电气设备,兆欧表应选用读数从零开始的,否则不易测量。因为在一般情况下,电气设备无故障时,由于绝缘受潮,其绝缘电阻在 0.5MΩ 以上时,就能给电气设备通电试用,若选用读数从 1MΩ 开始的兆欧表,对小于 1MΩ 的绝缘电阻无法读数。

(2)选用兆欧表外接导线时,应选用单根的多股铜导线,不能用双股绝缘线,绝缘强度要在 500V 以上,否则会影响测量的精确度。

(3)测量电气设备绝缘电阻时,测量前必须断开设备的电源,并验明无电,如果是电容器或较长的电缆线路应先放电后再测量。

(4)兆欧表在使用时必须远离强磁场,并且平放,摇动摇把时,切勿使表受振动。

(5)在测量前,兆欧表应先做一次开路试验,然后再做一次短路试验,表针在前次试验中应指到"∞"处,而后次试验表针应指在"0"处,表明兆欧表工作状态正常,可测电气设备。

(6)测量时,应清洁被测电气设备表面,以免引起接触电阻大,测量结果不准。

(7)在测电容器的绝缘电阻时,须注意电容器的耐压必须大于兆欧表发出的电压值。测完电容后,应先取下摇表线再停止摇动手柄,以防已充电的电容向摇表放电而损坏摇表,测完的电容要对电阻放电。

(8)兆欧表在测量时,还须注意摇表上 L 端子应接电气设备的带电体一端,而 E 端子应接设备外壳或接地线。在测量电缆的绝缘电阻时,除把兆欧表接地端接入电气设备接地外,另一端接线路后,还须将电缆芯之间的内层绝缘物接保护环,以免因表面漏电而引起读数误差。

(9)若遇天气潮湿或降雨后空气湿度较大时,应使用"保护环"以消除绝缘物表面泄流,使被测物绝缘电阻比实际值低。

(10)使用兆欧表测试完毕后也应对电气设备进行一次放电。

(11)使用兆欧表时,要保持一定的转速,按兆欧表的规定一般为120r/min,容许变动±20%,在 1min 后取一稳定读数。测量时不要用手触摸被测物及兆欧表接线柱,以防触电。

(12)摇动兆欧表手柄,应先慢再逐渐加快,待调速器发生滑动后,应保持转速稳定不变。如果被测电气设备短路,表针摆动到"0"时,应停止摇动手柄,以免兆欧表过流发热烧坏。

(13)兆欧表在不使用时应放于固定柜橱内,周围温度不宜太低或太高,切忌放于污秽、潮湿的地面上,并避免置于含侵蚀作用的气体附近,以免兆欧表内部线圈、导流片等零件发生受潮、生锈、腐蚀等现象。

(14)应尽量避免剧烈长期的振动,造成表头轴尖变秃或宝石破裂,影响指示。

(15)禁止在雷电时或在邻近有带高压导体的设备时用兆欧表进行测量,只有在设备不带电又不可能受其他电源感应而带电时才能进行。

### 三、接地电阻表

接地电阻表用于测量各种电力系统、电气设备、避雷针等接地装置的电阻值,也可用于测量低电阻导体的电阻值和土壤电阻率。外观见图 2-6。

接地电阻表附有接地探测针两支(电位探测针、电流探测针)、导线三根(其中 5m 长一根用于接地极,20m 长一根用于电位探测针,40m 长一根用于电流探测针接线)。

用接地电阻表测量接地电阻方法如下。

(1)接地电阻表 E 端钮接 5m 导线,P 端钮接 20m 导线,C 端钮接 40m 导线,导线的另一端分别接被测物接地体 E1、电位探测针 P1 和电流探测针 C1,且 E1、P1、C1 应保持直线,其间距为 20m,见图 2-7。

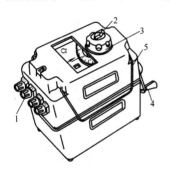

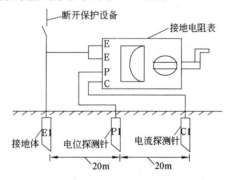

图 2-6 ZCB 型接地电阻测量仪
1—接线端钮;2—倍率选择开关;
3—测量标度盘;4—摇把;5—把手

图 2-7 接地电阻测量接线

(2)将仪表水平放置,调整零指示器,使零指示器指针指到中心线上,将倍率标度置于最大倍数,慢慢转动手摇发电机的手柄,同时旋动标度盘,使零指示器的指针指在中心线上,当指针接近中心线时,加快发电机手柄转速,使其达到 150r/min,调整标度盘,使指针指于中心线上。

(3)如果标度盘读数小于1,应将倍率标度置于较小倍数重新测量。当零指示器指针完全平衡指在中心线上后,将此时标度盘的读数乘以倍率标度即为所测的接地电阻值。

使用接地电阻表时应注意以下几点。

1)若零指示器的灵敏度过高,可调整电位探测针 P1 插于土壤中的深浅,若灵敏度不够,可沿电位探测针 P1 和电流探测针 C1 之间的土壤注水,使其湿润。

2)在测量时,必须将接地装置线路与被保护的设备断开,以保证测量准确。

3)必须要保证 E1 与 P1 之间以及 P1 与 C1 之间的距离,并确保三点在一条直线上,这样测量误差才可以忽略不计。

4)当测量小于 1Ω 的接地电阻时,应将接地电阻表上 2 个 E 端钮的连接片打开,然后分别用导线连接到被测接地体上,以免测量时连接导线的电阻造成附加测量误差。

5)禁止在有雷电或被测物带电时进行测量。

### 四、钳形电流表

钳形电流表主要用于在不断开线路的情况下直接测量线路电流,见图 2-8。

钳形电流表主要部件是一个只有次级绕组的电流互感器,在测量时将钳形电流表的磁铁套在被测导线上,导线相当于互感器的初级线圈,利用电磁感应原理,次级线圈中便会产生感应电流,与次级线圈相连的电流表指针便会发生偏转,指示出线路中电流的数值。

使用钳形电流表时应注意以下几点。

(1)在使用钳形电流表时要正确选择钳形电流表的挡位位置。测量前,根据负载的大小估计一下电流数值,然后从大挡位向小挡位切换,换挡时被测导线要置于钳形电流表卡口之外。

(2)检查表针在不测量电流时是否指向零位,若不指零,应用小螺

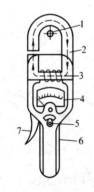

图 2-8  钳形电流表

1—被测导线;2—铁芯;

3—二次绕组;4—表头;

5—量程开关;6—手柄;

7—铁芯开关

丝刀调整表头上的调零螺栓使表针指向零位,以提高读数准确度。

(3)因为是测量运行中的设备,因此手持钳形电流表在带电线路上测量时要特别小心,不得测量无绝缘的导线。

(4)测量电动机电流时,扳开钳口活动磁铁,将电动机的一根电源线放在钳口中央位置,然后松手使钳口密合好,如果钳口接触不好,应检查弹簧是否损坏或脏污,如有污垢,用干布清除后再测量。

(5)在使用钳形电流表时,要尽量远离强磁场(如通电的自耦调压器、磁铁等),以减少磁场对钳形电流表的影响。

(6)测量较小的电流时,如果钳形电流表量程较大,可将被测导线在钳形电流表口内绕几圈,然后去读数。线路中实际的电流值应为仪表读数除以导线在钳形电流表上绕的匝数。

**五、漏电保护装置测试仪**

漏电保护装置测试仪主要用于检测漏电保护装置中的漏电动作电流、漏电动作时间,另外也可测量交流电压和绝缘电阻。

测量漏电动作电流、动作时间时,将一表笔接被测件进线端 N 线或PE 线,另一表笔接被测件出线端 L 线,见图 2-9。按仪表上的功能键选择 100mA 或 200mA 量程,按测试键,稳定后的显示数即为漏电动作电流值,每按转换键一次,漏电动作电流和动作时间循环显示一次。

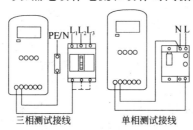

三相测试接线　　　　单相测试接线

**图 2-9　漏电保护装置测试仪测试接线图**

测量漏电动作电流时须注意如下事项。

(1)测试前应检查测试仪、表棒等完好无损,表棒线不互绞,以免影响读数正确和安全使用。

(2)测量时先将测试仪与被测件连接好,然后再连接被测件与电源。

(3)绝缘电阻插孔禁止任何外电源引入,改变测试功能时必须脱离电源,表棒改变插入孔再连接电源开机。

(4)测量结束后,应先将被测件与电源脱离,然后再撤仪表连接线。

### 六、电能表

电能表又称电度表,用于测量某一段时间内所消耗的电能。电度表接线方法如下。

(1)单相电度表接线。

单相电度表有 4 个接线柱头,从左到右按①、②、③、④编号,接线方法一般按①、③接电源线,②、④接出线的方式连接,见图 2-10。也有些单相表是按①、②接电源线,③、④接出线方式接线,所以具体的接线方式,参照电度表接线盖子里的接线图。

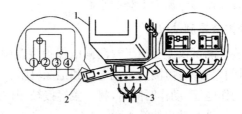

**图 2-10 单相电度表的接线**
1—电度表;2—电度表接线桩盖子;3—进、出线

(2)三相电度表的接线。

1)直接式三相四线制电度表的接线。这种电度表共用 11 个接头,从左至右按 1、2、3、4、5、6、7、8、9、10、11 编号。其中 1、4、7 是电源线的进线桩头,用来连接从电源总开关下引来的三根线。3、6、9 是相线的出线桩头,分别去接负载总开关的三个进线桩头。10、11 是电源中性线的进线和出线桩头。2、5、8 三个接头可空着,见图 2-11。

2)直线式三相三线制电度表的接线。这种电度表共有 8 个接线桩,

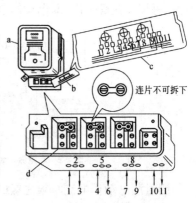

**图 2-11 三相四线制电度表直接接线**
a—电度表;b—接线桩盖板;
c—接线原理;d—接线桩;
1～11—接线桩桩头序号

其中1、4、6是电源相线进线桩头,3、5、8是相线出线桩头,2、7两个接线桩可空着,见图2-12。

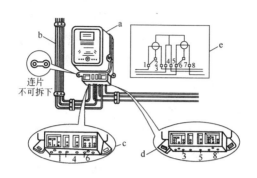

**图 2-12　直线式三相三线制电度表的接线**

a—电度表;b—电源进线;c—进线的连接;d—出线的连接;

e—接线原理图;1～8—接线桩头

(3)电度表接线注意事项如下。

1)电度表总线必须用钢芯单股塑料硬线,其最小截面积不得小于1.5mm$^2$,中间不准有接头。

2)电度表总线必须明线敷设,长度不宜超过10m。若采用线管敷设时,线管也必须明敷。

3)接线方式,进入电度表时一般以"左进右出"为接线原则。

4)电度表必须垂直安装于地面,表的中心离地面高度应在1.4～1.5m。

# 第四节　电工仪表的周期鉴定

## 一、外观检查

(1)仪表应有保证该表正确使用的必要标志,包括仪表盘上各种准确度符号、技术参数符号、代号所属标准的编号等。

(2)不应有可以引起测量误差和损害的缺陷,包括表壳、玻璃、表针、标度尺、接线柱、消除视差的镜子等的损坏以及存在的缺陷。

## 二、倾斜影响

倾斜影响是检查仪表可动部分的平衡情况,当仪表工作位置倾斜角度超出规定时,如果仪表的可动部分平衡不好,会有较大的附加误差产生,超出允许值。试验时,将仪表由工作位置向任意方向倾斜,在允许的倾斜角度内,与工作位置应不会有较大的差别。

## 三、仪表基本误差测定

一般仪表基本误差的测定要做 1 次或 2 次,重复 1 次或 2 次,由零点开始调节调节器,均匀地达到被测仪表的上限值以上,然后再均匀地降到零,观察一下仪表是否回零,再进行仪表基本误差测定。从上限到下限一般要测 5 个点以上,具体要视仪表的情况来定,上行过程要到被检点时应注意慢点升,只允许升,不允许降,一次升到,否则从头做,下行过程也是如此,只允许降。测量过程中,升降时看被检表的刻度,读数时看标准表的指示刻度,被检表的实际值等于标准表的指示值。

通过检测得出仪表的读值,采用引用误差计算出基本误差值。

## 四、升降变差

同一量值,上升时与下降时指示不同,其差值是由于磁滞误差、轴隙误差、摩擦误差及不平和误差造成的。允许变差值可由规程、标准中查出。

## 五、不回零位

当仪表接入被测量量后,被测量量将减至零,此时表针指示不应偏离零位。出现偏离零位是由游丝的永久变形误差和摩擦误差造成的。仪表的不回零位的检查适用于能耐受机械力作用的仪表,不回零位值由规程、标准中可查出。

## 六、绝缘

在各项试验完成后,最后对鉴定仪表进行绝缘电阻的测量和绝缘强度的试验。

## 七、仪表的鉴定结论

仪表的鉴定结论分为合格与不合格。要根据鉴定的全部项目做出鉴定的结果,最后发给鉴定证书。鉴定证书上给出最大基本误差、最大变差和修正值,0.5 级以下的仪表,在鉴定证书中不给出任何数值,只做出合格与不合格的鉴定结论。0.5 级及以上的仪表要给出仪表的最大基本误差、最大变差和修正值。

# 第三章　电气安装常用材料、设备

## 第一节　常用电线和电缆

电线和电缆在电工领域中扮演着重要角色。电线和电缆之间没有严格的界限:电线一般指单芯的导线,有绝缘层的电线称绝缘线,无绝缘层的称裸线;电缆是在一个绝缘护套内装有多根互相绝缘的芯线的电线,但其中截面积较小者又常称护套线。广义的电线包括电缆,广义的电气设备包括电线和电缆。这里简要介绍电线、电缆型号的表示方法,常用的电工材料,电线和电缆。

### 一、电线、电缆型号的表示方法

电线、电缆型号的表示方法如下,共分 8 部分,各部分代号的含义见表 3-1。例如,BVV—铜芯塑料护套绝缘线,BLVV—铝芯塑料护套绝缘线;BX—铜芯橡皮绝缘线,BLX—铝芯橡皮绝缘线;VV—铜芯塑料护套电力电缆,VLV—铝芯塑料护套电力电缆;XV—铜芯橡皮护套电力电缆,XLV—铝芯橡皮护套电力电缆;TJ—铜绞线,LGJQ—轻型钢芯铝绞线。

□　　□　　□　　□　　□　　□——□　　□

类别、用途 导体材料 绝缘层 内保护层 特征 外保护层 截面积(mm²) 派生代号

表 3-1　　　　　　　　电线、电缆型号中代号的含义

| 类别、用途 | 导体材料 | 绝缘层 | 内保护层 | 特征 | 外保护层 | 派　生 |
|---|---|---|---|---|---|---|
| 电力电缆(不表示) | T—铜 | F—聚四氟乙烯 | B—棉纱编织 | B—平行结构、扁形 | 0—无外保护层 | —T—热带专 |
| B—绝缘电线 | (一般省 | S—纤维、丝 | F—丁腈聚氯乙 | | (不表示) | 用产品 |
| BC—补偿线 | 略) | X—天然橡皮、 | 烯复合物 | B、F、H—引接线 | 1—麻被护层 | —1—第一种 |
| C—船用 | L—铝 | 天然-丁苯橡皮 | H—橡皮护套 | 耐温等级 | 2—钢带铠装 | —2—第二种 |
| D—车辆用 | G—钢 | (X)D—丁基 | HF—非燃性 | C—自承式 | 3—单层细钢丝 | —1.5—最大 |
| E—话务员耳机用 | | 橡皮 | 护套 | CQ—充气式 | 铠装 | 拉断力 kN |
| H—市内电话用 | | (X)E—乙丙 | L1—铝护套 | CY—充油式 | 4—双层细钢丝 | —252—电缆 |
| HB—通信用 | | 橡皮 | LW—皱纹铝 | D—带状结构 | 铠装 | 最高传输率 |
| HD—铁道电气化用 | | (X)F—氯丁 | 护套 | D—不滴流 | 5—单层粗钢丝 | kHz |
| HE—对称通信电缆 | | 橡皮 | (H)Y—耐油 | F—分相结构 | 铠装 | |
| | | XG—硅橡皮 | 护套 | G—高压 | | |

| 类别、用途 | 导体材料 | 绝 缘 层 | 内 保 护 层 | 特 征 | 外 保 护 层 | 派 生 |
|---|---|---|---|---|---|---|
| HJ—局用电话用 | | V—聚氯乙烯 | N—尼龙护套 | P—屏蔽型 | 6—双层粗钢丝 | |
| HO—同轴电缆 | | (V)F—西腈聚 | Q—铅护套 | Q—轻型 | 铠装 | |
| HR—电话软线 | | 氯乙烯复合物 | V—聚氯乙烯 | Z—中型 | 11—一级防腐麻 | |
| HP—电话配线 | | Y—聚乙烯 | 护套 | C—重型 | 被护层 | |
| J—电气设备引接用 | | YF—泡沫聚 | VV—双层塑料 | R—柔软结构 | 12—一级防腐钢 | |
| J—交换机用 | | 乙烯 | 护套 | S—双绞结构 | 带铠装 | |
| K—控制用 | | YJ—交联聚 | YH—氯磺化氢 | T—弹簧结构 | 13—一级防腐单 | |
| N—农用 | | 乙烯 | 乙烯 | W—户外型 | 层细钢丝铠装 | |
| P—信号电缆 | | YP—鱼泡式聚 | | Z—直流用 | 22—二级防腐钢 | |
| Q—汽车拖拉机用 | | 乙烯 | | Z—彩色 | 带铠装 | |
| R—绝缘软线 | | | | Z—综合结构 | 23—二级防腐单 | |
| U—采掘用 | | | | | 层细钢丝铠装 | |
| UB—爆破用 | | | | | 29—内钢带铠装 | |
| UC—采掘机组用 | | | | | 39—内细钢丝 | |
| UM—矿工帽灯用 | | | | | 铠装 | |
| UZ—电钻用 | | | | | 59—内粗钢丝 | |
| W—探测用 | | | | | 铠装 | |
| XX—射线机用 | | | | | | |
| Y—移动式软电缆 | | | | | | |
| Y—医疗仪器用 | | | | | | |
| YH—电焊机用 | | | | | | |

## 二、常用电线及用途

常用的导线按线芯材料可分为铜导线和铝导线;按线芯根数可分为单股线和多股线;按绝缘材料可分为塑料绝缘线和橡皮绝缘线;按导线的柔软程度可分为软线和硬线等。根据不同用途,合理选择配电导线的型号和面积,可以达到在保证供电安全的基础上降低建筑成本的目的,见表3-2。

表3-2 常用导线的名称及主要用途

| 型 号 | | 名 称 | 主 要 用 途 |
|---|---|---|---|
| 铜芯 | 铝芯 | | |
| BX | BLX | 棉纱编织橡皮绝缘导线 | 固定敷设用,可明敷,暗敷 |
| BXF | BLXF | 氯丁橡皮绝缘导线 | 固定敷设用,可明敷,暗敷,尤其适用于户外 |
| BV | BLV | 聚氯乙烯绝缘导线 | 室内外电器、动力及照明固定敷设 |

续表

| 型号 | | 名 称 | 主 要 用 途 |
|---|---|---|---|
| 铜芯 | 铝芯 | | |
| — | NLV | 农用地下直埋铝芯聚氯乙烯绝缘导线 | 直埋地下最低敷设温度不低于 −15℃ |
| | NLVV | 农用地下直埋铝芯聚氯乙烯绝缘和护套导线 | |
| | NLYV | 农用地下直埋铝芯聚氯乙烯绝缘聚氯乙烯护套导线 | |
| BXR | — | 棉纱编织橡皮绝缘软线 | 室内安装,要求较柔软时用 |
| BVR | | 聚氯乙烯软导线 | 同 BV 型,安装要求较柔软时用 |
| RXS | | 棉纱编织橡皮绝缘双绞软导线 | 室内干燥场所日用电器用 |
| RX | | 棉纱总编织橡皮绝缘软导线 | |
| RV | | 聚氯乙烯绝缘软导线 | 日用电器、无线电设备和照明灯头接线 |
| RVB | | 聚氯乙烯绝缘平型软导线 | |
| RVS | | 聚氯乙烯绝缘绞型软导线 | |

注:凡聚氯乙烯绝缘导线安装,温度均不低于−15℃。

### 三、常用电力电缆及用途

电力电缆是一种特殊电线,主要用于输送和分配电流,广泛用于电力系统、工矿企业、高层建筑及各行各业中。电力电缆一般按照其绝缘类型分为聚氯乙烯绝缘(塑料)电力电缆、交联聚乙烯绝缘电力电缆、橡皮绝缘电力电缆、充油及油浸纸绝缘电力电缆;按工作类型和性质可以分为一般普通电力电缆、架空用电力电缆、矿山井下用电力电缆、海底用电力电缆、防(耐)火阻燃型电力电缆等类型。

电缆的特点是防潮、防腐、阻燃和防损伤、节约空间、易敷设等,除一般的敷设方式外,还可以敷设在水中,其缺点是价格贵,维护和检修较为复杂。

#### 1. 聚氯乙烯绝缘及护套电力电缆

用于固定敷设交流 50Hz,额定电压 1000V 及以下的输配电线路,制造工艺简便,没有敷设高差限制,可以在很大范围内代替油浸纸绝缘电缆和不滴流浸渍纸绝缘电缆。主要优点是重量轻,弯曲性能好,机械强度较高,接头制作简便,耐油、耐酸碱和耐有机溶剂腐蚀、不延燃,具有内铠装结构,使钢带和钢丝免受腐蚀,价格较便宜,安装维护简单方便。缺点是绝缘易老化,柔软性不及橡皮绝缘电缆。

## 2. 交联聚乙烯绝缘及护套电力电缆(简称交联电缆)

用于固定敷设交流 50Hz,额定电压 35kV 及以下的电力输配电线路中。交联聚乙烯是利用化学或物理方法,使聚乙烯分子由直链状线型分子结构转变为三维空间网状结构。即把热塑性的聚乙烯 PE 转变为热固性的交联 PE 聚乙烯,从而大幅度提高该物质的力学性能、热老化性能和耐环境应力的能力。交联聚乙烯绝缘电力电缆的特点是具有优良的电气性能和耐化学腐蚀性,介质损耗小,其正常运行温度为 90℃,且结构简单,外径小,重量轻,载流量大(比聚氯乙烯绝缘的载流量提高 10%~15%),使用方便,能在 -15℃时进行敷设,敷设高差不受限制等。但它有延燃的缺点,且价格也较贵,见表 3-3。

表 3-3　　　　交联聚乙烯绝缘及护套电力电缆常用型号、名称对照表

| 型　　号 | 电缆名称 | 用　　途 |
|---|---|---|
| YJLW02 | 交联聚乙烯绝缘皱纹铝套或焊接皱纹铝套聚氯乙烯护套电力电缆 | 铅套和铝套电缆除适用于一般场所外,特别适合于下列场合:<br>铅套电缆:腐蚀较严重但无硝酸、醋酸、有机质(如泥煤)及强碱腐蚀性质,且受机械力(拉力、压力、振动等)不大的场所;<br>铝套电缆:腐蚀不严重和要求承受一定机械力的场所(如直接与变压器连接,敷设在桥梁上、坡道和竖井中等) |
| YJLW03 | 交联聚乙烯绝缘皱纹铝套或焊接皱纹铝套聚乙烯护套电力电缆 | |
| YJLW02-Z | 交联聚乙烯绝缘皱纹铝套或焊接皱纹铝套聚氯乙烯护套纵向阻水电力电缆 | |
| YJLW03-Z | 交联聚乙烯绝缘皱纹铝套或焊接皱纹铝套聚乙烯护套纵向阻水电力电缆 | |
| YJQ02 | 交联聚乙烯绝缘铅套聚氯乙烯护套电力电缆 | |
| YJQ03 | 交联聚乙烯绝缘铅套聚乙烯护套电力电缆 | |
| YJQ02-Z | 交联聚乙烯绝缘铅套聚氯乙烯护套纵向阻水电力电缆 | |
| YJQ03-Z | 交联聚乙烯绝缘铅套聚乙烯护套纵向阻水电力电缆 | |

续表

| 型　号 | 电缆名称 | 用　途 |
|---|---|---|
| YJA03 | 交联聚乙烯绝缘金属复合聚乙烯护套电力电缆 | 金属塑料复合护套电缆主要适用于受机械力(拉力、压力、振动等)不大,无腐蚀或腐蚀轻微,且不直接与水接触的一般潮湿场所 |
| YJA03-Z | 交联聚乙烯绝缘金属复合聚乙烯护套纵向阻水电力电缆 | |

注:皱纹铝套包括挤包皱纹铝套和铝带焊接皱纹铝套,按《电缆金属套　第1部分:总则》(JB/T 5268.1—2011)二者代号均为 LW;焊接皱纹铝套应在产品名称中明确表示。

# 第二节　电工常用绝缘和电磁材料

## 一、绝缘材料

不容易导电的材料称为绝缘材料,如瓷体、玻璃、木材、云母等,包括气体绝缘材料、液体绝缘材料、固体绝缘材料,常见的绝缘材料见表3-4。

表3-4　　　　　　　　　　常见的绝缘材料

| 序号 | 类　别 | 举　例 | 用　途 |
|---|---|---|---|
| 1 | 气体绝缘材料 | 干燥的空气、氟利昂、氢气等 | 高压电器周围 |
| 2 | 液体绝缘材料 | 矿物油、漆、合成油等 | 用作变压器、油开关、电容器、电缆的绝缘、冷却、浸渍和填充 |
| 3 | 固体绝缘材料 | 环氧树脂、电工用塑料和橡胶、云母制品、陶瓷、玻璃等 | 线圈导线之间的绝缘、电线电缆绝缘层保护、绝缘手柄、瓷质底座等 |

## 二、电磁材料

磁性材料分为软磁材料和硬磁材料。外磁场消失后,磁性基本消失(剩磁很弱)的磁性材料称软磁材料,磁性基本保留(剩磁很强)的磁性材料称硬磁材料。

常用的软磁材料有电工用纯铁、低碳钢片和硅钢片。电工用纯铁主要用于直流或低频电器,如继电器、电磁铁。低碳钢片又称无硅钢片,主要用于家用电器中的小电机、小变压器等。硅钢片又称电工钢片,是在铁内加入少量硅冶炼而成的,磁性好、用量大,主要用于50Hz的电气设备中,如电机、电力变压器、互感器。

建筑电工经常用到一些磁性材料,根据磁性材料是否容易被磁化,磁性材料可以分为软磁材料和永磁材料,常见的磁性材料见表3-5。

表 3-5                                    磁性材料

| 序号 | 类 别 | 举 例 | 用 途 |
|------|--------|--------|--------|
| 1 | 软磁材料 | 纯铁、铸铁、硅钢片、碳钢、铁镍合金等 | 容易被磁化,矫顽力低,磁性容易褪去。用于变压器、电机、电磁铁铁芯,传递、转换能量和信息 |
| 2 | 永磁材料 | 镍钴合金、铁氧体、稀土钴等 | 容易被磁化,矫顽力高,磁性不容易褪去,用于产生恒定磁场 |

# 第三节 电工电线管、槽

## 一、金属电线管

(1)电线管。有 KBG(扣压式)、JDG(紧定式)、DG(薄壁管)三种。广泛用于建筑物内电气线路的管路敷设,起保护导线正常使用和敷设的作用,但不适用于有酸、碱等腐蚀性介质的场所,见表3-6。

表 3-6                        电线管主要规格参数表

| 公称口径 /mm | 外径 /mm | 壁厚 /mm | 内径 /mm | 内孔总截面积/mm² | 参考质量 /(kg/m) |
|------|------|------|------|------|------|
| 15 | 15.87 | 1.5 | 12.87 | 130 | 0.536 |
| 20 | 19.05 | 1.5 | 16.05 | 205 | 0.647 |
| 25 | 25.40 | 1.5 | 22.40 | 395 | 0.869 |
| 32 | 31.75 | 1.5 | 28.75 | 649 | 1.13 |

| 公称口径<br>/mm | 外径<br>/mm | 壁厚<br>/mm | 内径<br>/mm | 内孔总截<br>面积/mm² | 参考质量<br>/(kg/m) |
|---|---|---|---|---|---|
| 40 | 38.10 | 1.5 | 35.10 | 967 | 1.35 |
| 50 | 50.80 | 1.5 | 47.80 | 1794 | 1.83 |

(2)水煤气钢管。水煤气钢管又称水煤气输送钢管或焊接钢管。在电气系统中的作用与电线管相同,但因其壁厚比电线管的壁厚要厚些,因此可以用在条件更恶劣的地方。电气工程图中一般用 G 表示。水煤气钢管的常用规格及主要参数见表 3-7。

表 3-7　　　　　　水煤气钢管的常用规格及主要参数

| 公称口径 | | 外径<br>/mm | 壁厚<br>/mm | 内径<br>/mm | 内孔总截<br>面积/mm² | 参考质量<br>/(kg/m) |
|---|---|---|---|---|---|---|
| /mm | 英寸/in | | | | | |
| 10 | 3/8 | 17.00 | 2.25 | 12.50 | 123 | 0.82 |
| 15 | 1/2 | 21.25 | 2.75 | 15.75 | 195 | 1.25 |
| 20 | 3/4 | 26.75 | 2.75 | 21.25 | 355 | 1.63 |
| 25 | 1 | 33.50 | 3.25 | 27.00 | 573 | 2.42 |
| 32 | 1¼ | 42.25 | 3.25 | 35.75 | 1003 | 3.13 |
| 40 | 1½ | 48.00 | 3.50 | 41.00 | 1320 | 3.84 |
| 50 | 2 | 60.00 | 3.50 | 53.0 | 2206 | 4.88 |
| 70 | 2½ | 75.50 | 3.75 | 68.0 | 3631 | 6.64 |
| 80 | 3 | 88.50 | 4.00 | 80.5 | 5089 | 8.34 |
| 100 | 4 | 114.0 | 4.00 | 106.0 | 8824 | 10.85 |
| 125 | 5 | 140.0 | 4.50 | 131.0 | 13478 | 15.04 |
| 150 | 6 | 165.0 | 4.50 | 156.0 | 19113 | 17.81 |

注:①公称口径是钢管的规格称呼,不一定等于钢管外径减 2 倍壁厚之差;
　　②镀锌钢管比不镀锌钢管重 3%～6%。

(3)可挠金属电缆保护套管。

可挠金属电缆保护套管是新型的电工器材,具有绝缘性能好、耐腐蚀性强、易弯曲、抗振性好、切断加工方便、长度不受限制、重量轻、便于搬运等优点。可根据需要定型,弥补了钢管、普通金属软管和 PVC 管在一些施工场合的不足,是电线电缆保护管的优良替换产品,可广泛使用于建筑安装、装饰、机电、铁路、石油化工、航空、船舶和交通等行业中。

可挠金属电缆保护套管种类较多,但其基本结构是由镀锌钢带卷绕成螺纹状,属于可挠性金属套管。

**二、非金属电线管**

非金属电线管分为硬质 PVC 阻燃塑料电线管、半硬质 PVC 阻燃塑料电线管、高强冷弯 UPVC 电线管等。凡阻燃型(PVC)塑料管,其材质均应具有阻燃、耐冲击性能,其氧指数不应低于 27%。阻燃型塑料管外壁有间距不大于 1.0m 的连续阻燃标记和制造厂厂标,管子内、外壁光滑,管壁厚度均匀一致。所用阻燃型塑料管附件及明配阻燃型塑料制品,如各种灯头盒、开关盒、接线盒、插座盒、端接头、管箍等,必须使用配套的阻燃制品。

(1)硬质 PVC 阻燃塑料电线管。适用于公用建筑物、工厂、住宅等建筑物的电气配管,可浇筑于混凝土内,也可明装于室内及吊顶等场所;适用于室内或有酸、碱等腐蚀介质的场所的照明配管敷设安装(不得在 40℃ 以上的场所和易受机械冲击、摩擦等场所敷设)。暗配部分适用于一般民用建筑内的照明配管系统和混凝土结构及砖混结构内的暗配管敷设工程(不得在高温场所和顶棚内敷设)。

(2)半硬质 PVC 阻燃塑料电线管及其配件。必须由经阻燃处理的材料制成,只能用于暗配,适用于一般民用建筑内的照明配管系统和混凝土结构及砖混结构内的暗配管敷设工程(不得在高温场所和顶棚内敷设)。

(3)高强冷弯 UPVC 电线管。是以 PVC 树脂为主料,加适当辅料,经高速捏合、挤出等工艺生产的管料,不受气候影响,性能稳定,具有抗压、抗拉力强、阻燃、绝缘性能好等优点,在建筑工程中,无论明敷或暗设均可获得极好的效果。在常温下可手工弯曲,剪切锯割十分方便。零件连接采用粘接。施工方便、快捷,重量轻,防腐蚀,节省金属材料,造价低。

### 三、管线敷设附属材料

钢管敷设附属材料有接线盒(箱)、电焊条、防锈涂料、油性涂料、管箍、锁紧螺母、扁钢、圆钢、木螺丝、机螺丝、铅丝、防腐漆、水泥、砂子等。

非金属管道敷设附属材料有接线盒(箱)、管箍、锁紧螺母、木螺丝、机螺丝、胶黏剂、水泥、砂子等。

电线敷设附属材料有镀锌铁丝或钢丝、护口、螺旋接线钮、尼龙压接线帽、套管、焊锡、焊剂、橡胶绝缘带等。

# 第四节　灯具、开关及插座

## 一、灯具

### 1. 灯泡和灯管

常见的灯泡、灯管分为白炽灯、荧光灯泡、日光灯管、碘钨灯、高压水银灯、高压钠灯等。

(1)白炽灯(俗称灯泡)。是最常用的电光源之一,属于热辐射式电光源。它由灯头、灯丝、玻璃外壳组成。小功率(40 W 以下)的白炽灯玻璃壳内被抽成真空;为提高使用寿命,大功率的白炽灯玻璃壳内先抽成真空后再充入惰性气体。白炽灯具有价格低廉,使用方便,可频繁开关等优点,但发光强度受电压波动的影响较大。

(2)荧光灯泡(又称节能灯泡)。由荧光灯管、固定座、镇流器、灯头组成,其特征在于荧光灯管外面设有与白炽灯相仿的透光灯泡,其上端与灯头的下端相粘接,镇流器装在灯头和固定座封闭的空间里。它能与普通白炽灯通用,无污染,工艺简单、成本低廉,而发光效率和工作寿命优于白炽灯。

(3)日光灯管。日光灯管两端各有一灯丝,灯管内充有微量的氩和稀薄的汞蒸气,灯管内壁上涂有荧光粉,两个灯丝之间的气体导电时发出紫外线,使荧光粉发出柔和的可见光。灯管分为普通灯管、T5 灯管、T4 灯管、紫外线灯管、灭蚊灯管、彩色灯管、荧光灯管,根据色温有冷光、暖光之分。荧光灯(俗称日光灯)属于气体放电电光源,具有发光效率高(约为白炽灯的四倍)、使用寿命长、光线柔和、光色好等优点,但是,它不宜频繁开关,否则会缩短灯管的使用寿命。

(4)碘钨灯。由灯管和灯架组成,其发光原理与白炽灯相同。为了提高发光效率和延长使用寿命,在灯管内充入了微量元素——碘。碘钨灯具有发光效率高、使用寿命长等优点,但由于灯丝比较长,用多个支架支撑着,因此它怕振动,而且使用时尽量使灯具水平,以便延长灯管的使用寿命。

(5)高压水银灯。具有发光效率高、亮度高、使用寿命长等优点,属于气体放电电光源,被广泛应用于道路和场院的照明。高压水银灯分镇流器式和自镇式两种。当电源接通后,电压加到主电极与辅助电极之间,产生辉光放电并产生大量的电子和离子,随着主电极放电产生的热量,水银逐渐被气化,灯管就发出可见光和紫外线。紫外线激发玻璃内壁的荧光粉使灯管发光。

(6)高压钠灯。利用高压钠蒸气放电的原理制成,其主要工作原理与荧光灯相似。高压钠灯具有发光效率高、体积小、亮度高、使用寿命长和透雾性强等优点,适用于亮度需求较高的场所,如交通干道、广场等处的照明。

2.灯头、灯口及灯罩

照明灯具按照用途功能分为日光灯、各型花灯、光带、壁灯、应急灯和疏散指示灯、防水灯、防爆灯具、游泳池和类似场所灯具(水下灯及防水灯具)、手术台无影灯等,包括点光源(灯头)及其附件,附件包括灯口、灯罩、支架、吊线盒、镇流器等。

灯头、灯口、灯罩是照明灯具的常规主要组成部分,灯头为灯具的发光部分,灯口为固定灯头的定位部分,灯罩为保护灯头及控制光照范围和方向的部分。

**二、开关和插座面板**

1.开关面板

开关的面板为绝缘塑料产品,材质均匀,表面光洁,具有阻燃性、绝缘性和抗冲击性,采用纯银触点和用银铜复合材料做的导电片,这样可防止启闭时电弧引起氧化。

扳把开关通常为两个静触点,分别由两个接线桩连接;分为单联单控开关、单联双控开关、单联三控开关、单联四控开关、双联双控开关。

2.插座面板

插座有一个或一个以上电路接线可插入的底座，通过它可插入各种接线，便于与其他电路接通。面板分为普通型和安全型。

安全型插座带有保护门，里面有一块挡板，插头需要抵开挡板才能接触到电源。

单相两极插座有一根火线、一根零线，共两根线，插座也只要两极。带保护接地线的为单相三极插座。三相插座为包含火线、零线和接地线的四孔插座。

各型开关、插座应有电工产品合格证，产品上应带有 CCC 标志。

下篇

# 电气设备安装调试工岗位操作技能

# 第四章　变配电设备安装

## 第一节　配电柜的安装

配电柜也称开关柜或配电屏,其外壳通常采用薄钢板和角钢焊制而成。根据用途及功能的需要,在配电柜内装设各种电气设备,如隔离开关、自动开关、熔断器、接触器、互感器以及各种检测仪表和信号装置等。安装时,必须先制作和预埋底座,然后将配电柜固定在底座上,其固定方式多采用螺栓连接(对固定场所,有时也采用焊接)。

### 一、配电柜的检查和清理

配电柜到达现场后,要及时开箱进行检查和清理,其内容有以下几方面。

#### 1. 型号规格

检查配电柜的型号规格是否与设计施工图相符,然后在配电柜上标注安装位置的临时编号和标记。

#### 2. 零配件及资料

检查配电柜的零配件是否齐全,有无出厂图纸等有关技术资料。

#### 3. 外观质量

检查配电柜内外的壳体及电器件有无损伤、受潮等,发现问题应及时处理。

#### 4. 清理

将配电柜的灰尘及包装材料等杂物清理干净。

### 二、配电柜底座制作与安装

#### 1. 配电柜底座制作

配电柜的安装底座,通常用型钢(如槽钢、角钢等)制作,型钢规格大小的选择应根据配电柜的尺寸和重量而定,一般多采用 5～10 号槽钢,或采用 ∟30×4～ ∟50×5 的角钢。

2.配电柜底座安装

配电柜底座的安装方法一般有直接埋设法、预留埋设法和地脚螺栓埋设法。

(1)直接埋设法。先按施工图或配电柜底座固定尺寸的要求下料，然后在土建施工做基础时，将底座直接预埋在底座基础中，并将安装位置和水平度调整准确，其允许偏差见表 4-1。

表 4-1 基础型钢安装允许偏差

| 项　目 | 长　度 | 允许偏差/mm | 检查方法 |
|---|---|---|---|
| 不直度 | 1m | 1 | 拉线和尺检 |
| | 全长 | 5 | |
| 水平度 | 1m | 1 | |
| | 全长 | 3 | |

(2)预留埋设法。此种方法是在土建施工做基础时，先将固定槽钢底座的底板(扁钢或圆钢)与底座基础同时浇灌或砌在一起;待混凝土凝固后，再将槽钢底座焊接在基础底板上。或采用预留定位的方法，在浇灌混凝土时，在基础上埋入比型钢略大的木盒(一般为 30mm 左右)，并应预留焊接型钢用的钢筋;待混凝土凝固后，将木盒取出，再埋设槽钢底座。

(3)地脚螺栓埋设法。在土建施工做基础时，先按底座尺寸预埋地脚螺栓，待基础凝固后再将槽钢底座固定在地脚螺栓上。

底座制作预留工作结束后，应用扁钢将底座与接地网连接起来。配电柜的底座安装如图 4-1 所示。

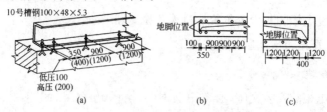

图 4-1　配电柜底座安装图

(a)配电柜底座安装示意图;(b)低压配电柜地脚尺寸图;(c)高压配电柜地脚尺寸图

### 三、配电柜的安装

通常在土建工程全部完毕后进行配电柜的安装。

**1. 底座钻孔**

槽钢底座基础凝固后,即可在槽钢底座上按照配电柜底座的固定孔尺寸,开钻稍大于螺栓直径的孔眼。

**2. 立柜**

按照施工图规定的配电柜顺序做安装标记,然后将配电柜搬放在安装位置,并先粗略调整其水平度和垂直度。

**3. 调整**

配电柜安放好后,务必要校正其水平度和垂直度。水平度用水平仪校正,垂直度用线锤校正。多块柜并列拼装时,一般先安装中间一块柜,再分别向两侧拼装并逐柜调整。双列布置的配电柜,应注意其位置的对应,以便母线联桥。配电柜安装的允许偏差见表 4-2。

表 4-2　　　　　　　　　配电柜安装允许偏差

| 项　　目 | | 允许偏差/mm |
|---|---|---|
| 垂直度(1m) | | 1.5 |
| 水平度 | 相邻两柜顶部 | 2 |
| | 成列柜顶部 | 5 |
| 不平度 | 相邻两柜面 | 1 |
| | 成列两柜面 | 5 |
| 柜间接缝 | | 2 |

**4. 固定**

水平度和垂直度校正符合要求后,即可用螺栓和螺母将配电柜固定在槽钢底座上,如图 4-2 所示。一般在调整校正后固定,也可逐块调整逐块固定。

高压配电柜在侧面出线时,应装设金属保护网。

**5. 柜内电器**

成套配电柜的内部开关电器等设备均由制造厂配置,安装时需检查柜内电器是否符合设计施工图的要求,并进行公共系统(如接地母线、信号小母线等)的连接和检查。

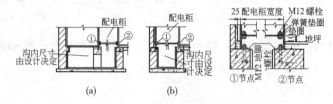

**图 4-2 配电柜螺栓固定安装图**

(a)低压配电柜安装示意图;(b)高压配电柜安装示意图

6.装饰

配电柜安装完毕后,应保证柜面的油漆完整无损(必要时可重新喷漆,漆面不能反光)。最后应标明柜正面及背面各电器的名称和编号。

配电柜的安装方法,也适用于落地式动力配电箱和控制箱的安装。

# 第二节 电力变压器的安装

## 一、安装前的准备工作

1.场地布置

电力变压器的大部分组装工作最好在检修室内进行,如果没有检修室,则需要选择临时性的安装场所。这时,最好把安装场所选择在变压器的基础台附近,以便变压器就位,也可以把变压器放在自己的基础台上就地组装。

2.施工机械和主要材料准备

(1)安装电力变压器所需要的机械和工具如下。

1)安装机具:压缩空气机、真空泵、阀门、加热器、滤油机、油泵、油罐、烘箱、电焊机、行灯变压器、麻绳等。

2)测试仪器:摇表、介质损失角测定器、升压变压器、调压器、电流表、电压表、功率表、蓄电池、真空表、温度计等。

3)起重机具:吊车、吊架、吊梁、链式起重机、卷扬机、钢丝绳、滑轮等。

(2)安装电力变压器可能用的材料如下。

1)绝缘材料:绝缘油、电工绝缘纸板、绝缘布带、电木板、绝缘漆等。

2)密封材料:耐油橡胶衬垫、石棉绳、虫胶漆、尼龙绳等。

3)黏结材料:环氧树脂胶、胶水、水泥、砂浆等。

4)清洁材料:白布、酒精、汽油等。

5)其他材料:石棉板、方木、电线、钢管、瓷漆、滤油纸、凡士林等。

3. 安全措施

(1)要注意防止人身触电及摔跌等事故发生。

(2)设备安全措施如下。

1)防止绝缘物过热:变压器身的绝缘多为 A 级绝缘,干燥温度应限制在 105℃以下。

2)防止发生火灾:在干燥变压器和过滤绝缘油时,应特别注意防止火灾的发生。

3)防止杂物落进油箱:在检查变压器身和安装油箱顶盖时要特别细心,要防止螺母、垫圈及小型工具掉进油箱。工作人员要穿不带纽扣的工作服,所有带进现场的工具、仪表等,在工作之前要进行登记,工作完毕之后如数清点收回。工作中拧下来的各种螺栓应放在小箱内,由专人看管。

4)防止附件损坏:组装附件时,绳索绑扎要恰当,要特别注意防止附件与油箱发生碰撞。一般组装的顺序是先里后外、先上后下、先金属部件后瓷质部件。

5)防止变压器翻倒、严重倾斜事故的发生。

4. 变压器外部检查

电力变压器运达工地 10 天之内,应进行外部检查,无异常情况才能安装。具体检查下列项目。

(1)变压器是否和设计型号规格相符;

(2)变压器是否有机械损伤及渗油情况,箱盖螺栓是否完整无缺,密封衬垫是否严密良好;

(3)各套管孔、散热器碟阀等处的密封是否严密,螺钉是否紧固;

(4)变压器出厂资料是否齐全,散热器套管等附件是否齐全完好;

(5)变压器有无小车,轮距与轨道设计距离是否相符;

(6)外表是否有锈蚀,油漆是否完整。

### 5. 轨道埋设

变压器轨道一般采用 43kg/m 的钢轨,钢轨应平直。

在土建浇灌变压器基础时,按设计要求预埋铁板数块,两列铁板的中心尺寸应符合轨距。铁板为长方形,长度超过钢轨底宽 200mm 以上,铁板间距在无设计时可按 0.8m 施工。

敷设钢轨时,先测出变压器中心线。再将平直好的钢轨及垫铁运上基础,用水平尺将钢轨按设计标高找平,位于气体继电器一侧的钢轨较轨距长度比应高 1‰~1.5‰,两根钢轨同一水平也可,其坡度将由止轮器加垫板来解决。轨道水平误差一般不超过 5mm,实际轨距不得小于设计轨距,误差不超过 5mm,轨面对设计标高的误差不超过±5mm。

注意轨距是指轨道内侧间距,如图 4-3 所示。

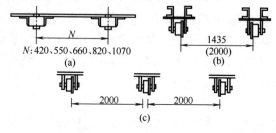

**图 4-3　变压器轨距**
(a)小型变压器轨距;(b)大、中型变压器轨距;(c)大型变压器轨距

变压器轨道应接地,一般将接地扁钢焊在预埋铁件上。轨道固定好以后,便可二次灌浆将基础粉平,高度以至轨道底平面为宜。

### 二、变压器吊芯检查

变压器经过运输,芯部常因振动和冲击使螺钉松动和掉落,胶木螺钉常有折断,穿心螺钉也可能因绝缘受损伤而绝缘程度降低,出现铁芯位移及其他零件脱落等情况,所以常常需要吊芯检查。另外,通过吊芯也可发现制造上的缺陷和疏忽,查看有无水分沉积和受潮现象等。

(1)所有螺栓都应紧固,防松措施良好,胶木螺栓应完整,拧紧时不要用力过大,短少和损坏的螺栓要及时加工配制。器身如有位移要进行校正,恢复原中心位置。

(2)铁芯无损伤变形,松开接地片,测试铁芯对地绝缘应良好,无多点接地现象。

(3)穿心螺杆与铁芯、铁轭与夹铁、铁轭方铁与铁轭之间绝缘应良好。如铁轭采用钢带绑扎时,要检查钢带与铁轭之间绝缘是否良好。

(4)线圈的绝缘层应完整无损、无移动变位情形、无潮湿迹象。

(5)线圈排列整齐、间隙均匀、油路无堵塞现象,线圈压钉紧固、锁紧螺母拧紧,绝缘垫块紧固不松动。

(6)绝缘围屏绑扎牢固,所有线圈引出处的密封良好。

(7)引出线绝缘包扎紧固,无破损、拧弯现象;引出线固定牢固,支架坚固;引线裸露部分无毛刺或尖角,焊接质量良好,接线正确、接触良好,电气距离符合要求。

(8)电压切换位置的各分接点与线圈的连接应紧固正确;分接头应清洁、接触紧密、弹力良好;接触部分用0.05mm×10mm塞尺应塞不进去;转动接点位置正确并与指示器一致。转动盘动作灵活,密封良好。

(9)有载调压装置的切换开关触头应接触良好,铜编织线完整无损;限流电阻无断损;装置的油箱应密封良好,与大油箱能有效隔离。

(10)防磁隔板应完整,固定牢固无松动。

(11)检查油箱底部有无油垢、杂物和水。

(12)器身检查完毕后,应用合格变压器油冲洗,并从箱底放油塞将油放尽。

凡是有围屏的变压器一般可不解围屏,受围屏遮蔽而不能检查的项目可不检查。

### 三、变压器就位与附件安装

核对变压器的中心位置,当符合设计要求时,便可用止轮器将变压器固定。

变压器安装应沿气体继电器侧有1‰~1.5‰的升高坡度,如图4-4所示。其目的是使油箱内产生的气体易于流入气体继电器。

(1)套管安装前先进行外观检查、绝缘测量和严密性试验。

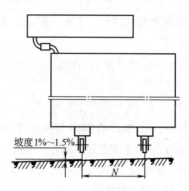

图 4-4  变压器倾斜坡度示意图

吊装套管应特别小心,要防止碰撞。套管就位后,按对角顺序拧紧固定套管的法兰螺钉。套管顶部的密封至关重要,接线座一定要拧紧,并垫好橡皮垫。

(2)检查散热器没有明显的机械缺陷后,做严密性检查。

散热器安装完毕后,再安装相互之间的支撑钢带和风扇。

(3)油枕部分是指油枕、吸湿器、瓦斯继电器、防爆管等部件。

1)油枕安装:先将油枕的两个支板用螺栓暂时固定到油箱的顶盖上,再吊起油枕放在支板上,调整其间的位置,然后拧紧螺栓。

2)吸湿器安装:用卡具把吸湿器的容器垂直安装在油箱壁或散热器的指定位置,距地面高 1.5~2m,再用钢管把容器与油枕连接起来,连接处用耐油胶环密封。

把干燥的粒状硅胶装到吸湿器的容器内,在顶盖下面留出高 15~25mm 的空间。在检查孔的附近要装变色的硅胶,以指示吸湿的程度。把干净的绝缘油注入油槽内至规定的高度。

3)瓦斯继电器安装:安装时,先装好两侧的连管,将浮子部分取出后把容器装到两段连管之间。瓦斯继电器应水平安装,顶盖上标示的箭头指向油枕。连管向着油枕的方向最好保持有 2%~4% 的升高坡度。各个法兰的密封垫要安装妥当,不得遮挡油路通径。安装完成后的瓦斯继电器如图 4-5 所示。

4)防爆管安装时应注意各处的密封是否良好,防爆膜片两面都应有橡皮垫。

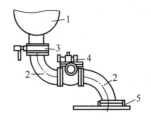

**图 4-5　安装完成后的瓦斯继电器**
1—油枕；2—连管；3—阀门；4—瓦斯继电器；5—油箱顶盖

拧紧膜片时，必须均匀用力，使膜片与法兰紧密吻合。膜片损坏需要更换时，其材料和规格应符合产品规定，不得任意代用。

### 四、变压器投入运行前的检查

#### 1. 带电前的要求

带电前，应对变压器进行全面检查，查看是否符合运行条件，如不符合，应立即处理，内容大致如下。

（1）变压器储油柜、冷却柜等各处的油阀门应打开再次排放空气，检查各处应无渗漏。

（2）变压器接地良好。

（3）变压器油漆完整、良好，如局部脱落应补漆。如锈蚀、脱落严重应重新除锈喷漆。套管及硬母线相色漆应正确。

（4）套管瓷件完整清洁，油位正常，接地小套管应接地，电压抽取装置如不用也应接地。

（5）分接开关置于运行要求档位，并复测直流电阻值正常，带负荷调压装置指示应正确，动作试验不少于 20 次。

（6）冷却器试运行正常，联动正确，电源可靠。

（7）变压器油池内已铺好卵石，事故排油管畅通。

（8）变压器引出线连接良好，相位、相序符合要求。

（9）气体继电器安装方向正确，打气试验接点动作正确。

（10）温度计安装结束，指示值正常，整定值符合要求。

（11）二次回路接线正确，经试操作情况良好。

（12）变压器全部电气试验项目（除需带电进行者外）都已结束。

(13)再次取油样做耐压试验应合格。

(14)变压器上没有遗留异物,如工具、破布、接地铁丝等。

2. 变压器的冲击试验

变压器试运行前,必须进行全电压冲击试验,考验变压器的绝缘和保护装置,冲击时将会产生过电压和过电流。

全电压冲击一般由高压侧投入,每次冲击时,应该没有异常情况,励磁涌流也不应引起保护装置误动作,如有异常情况应立即断电进行检查。第一次冲击时间应不少于 10min。

持续时间的长短应根据变压器结构而定,普通风冷式不开风扇可带 66.7% 负荷,所以时间可以长一些;强油风冷式由于冷却器不投入时,变压器油箱不足以散热,故允许空载运行的时间为 20min(容量在 125MVA 及以下时)和 10min(容量在 125MVA 以上)。

变压器第一次受电时,如条件许可,宜从零升压,并每阶段停留几分钟进行检查,以便及早发现问题,如正常便继续升至额定电压,然后进行全电压冲击。

空载变压器检查方法主要是听声音,正常时发出嗡嗡声,而异常时有以下几种声音。

(1)声音较大而均匀时,外加电压可能过高;

(2)声音较大而嘈杂时,可能是芯部结构松动;

(3)有吱吱响声时,可能是芯部和套管有表面闪络;

(4)有爆裂音响且大、不均匀,可能是芯部有击穿现象。

冲击试验前应投入有关的保护,如瓦斯保护、差动保护和过流保护等。另外,现场应配备消防器材,以防不测。

在冲击试验中,操作人员应观察冲击电流大小。如在冲击过程中,轻瓦斯动作,应取油样做气相色谱分析,以便做出判断。

无异常情况时,再每隔 5min 进行一次冲击,最后空载运行 24h,经 5 次冲击试验合格后才认为通过。

冲击试验通过后,变压器便可带负荷试运行。在试运行中,变压器的各种保护和测温装置等均应投入,并定时检查、记录变压器的温升、油位、渗漏、冷却器运行等情况。有载调压装置还可带电切换,逐级观察屏上电压表指示值应与变压器铭牌相符,如调压装置的轻瓦斯动作,只要是有规律的应属正常,因为切换时要产生一些气体。

变压器带一定负荷试运行24h无问题,便可移交使用单位。

# 第三节　箱式变电所安装

## 一、基础安装

1.测量定位

按设计施工图纸所标注的位置及坐标方位、尺寸,进行测量放线。确定箱式变电所安装的底盘线和中心轴线,并确定地脚螺栓的位置。

2.基础型钢安装

(1)预制加工基础型钢的型号、规格应符合设计要求。按设计尺寸进行下料和调直,做好防锈处理,根据地脚螺栓位置及孔距尺寸,进行制孔。制孔必须采用机械制孔。

(2)基础型钢架安装。按放线确定的位置、标高、中心轴线尺寸控制准确的位置放好型钢架,用水平尺或水准仪找平、找正,与地脚螺栓连接牢固。

3.基础型钢与地线连接

将引进箱内的地线与型钢结构基架两端焊牢。

## 二、箱式变电所就位与安装

(1)就位。要确保作业场地清洁、通道畅通,将箱式变电所运至安装的位置,吊装时应充分利用吊环,将吊索穿入吊环内,然后做试吊检查受力,吊索力的分布应均匀一致,确保箱体平稳、安全、准确就位。

(2)按设计布局的顺序组合排列箱体。找正两端的箱体,然后挂通线,找准调正,使其箱体正面平顺。

(3)组合的箱体找正、找平后,应将箱与箱用镀锌螺栓连接牢固。

(4)箱式变电所的基础应高于室外地坪,周围排水通畅。

(5)箱式变电所所用的地脚螺栓应螺帽齐全,拧紧牢固,自由安放的应垫平放正。

(6)箱壳内的高低压室均应装设照明灯具。

(7)箱体应有防雨、防晒、防锈、防尘、防潮、防凝露的技术措施。

(8)箱式变电所安装高压或低压电度表时,接线相位必须准确,应安装在便于查看的位置。

(9)接地:箱式变电所接地应使每箱独立与基础型钢连接,严禁进行串联。接地干线与箱式变电所的 N 母线及 PE 母线直接连接,变电箱体、支架或外壳的接地应用带有防松装置的螺栓连接。连接均应紧固可靠,紧固件齐全。

**三、接线**

(1)高压接线应尽量简单,但要求既有终端变电站接线,也有适应环网供电的接线。

成套变电所各部分一般在现场进行组装和接线,通常采用下列形式的一种。

1)放射式。一回一次馈电线接一台降压变压器,其二次侧接一回或多回放射式馈电线。

2)一次选择系统和一次环形系统。每台降压变压器通过开关设备接到两个独立的一次电源上,以得到正常和备用电源。在正常电源有故障时,则将变压器换接到另一电源上。

3)二次选择系统。两台降压变压器各接一独立一次电源。每台变压器的二次侧通过合适的开关和保护装置连接各自的母线。两段母线间设联络开关与保护装置,联络开头正常情况下是断开的,每段母线可供接一回或多回二次放射式馈电线。

4)二次点状网络。两台降压变压器各接一独立一次电源。每台变压器二次侧都通过特殊型的断路器接到公共母线上,该断路器叫作网络保护器。网络保护器装有继电器,当逆功率流过变压器时,断路器即被断开,并在变压器二次侧电压、相角和相序恢复正常时再行重合。母线可供接一回或多回二次放射式馈电线。

5)配电网络。单台降压变压器二次侧通过做网络保护器接到母线上。网络保护器装有继电器,当变压器二次侧电压、相角、相序恢复时,断路器断开。母线可供接一回或多回二次放射式馈电线,和接一回或多回联络线,与类似的成套变电站相连。

6)双回路系统(一个半断路器方案)。两台降压变压器各接一独立一次电源。每台变压器二次侧接一回放射式馈电线。这些馈电线电力断路器的馈电侧用正常断开的断路器连接在一起。

(2)接线的接触面应连接紧密,连接螺栓或压线螺钉紧固必须牢固,与母线连接时紧固螺栓采用力矩扳手紧固。

(3)相序排列准确、整齐、平整、美观、涂色正确。

(4)设备接线端,母线搭接或卡子、夹板处,明设地线的接线螺栓处等两侧 10~15mm 处均不得涂刷涂料。

# 第四节　变配电设备调试验收

## 一、配电柜调试及试运行

1. 调整试验

(1)配电柜的调整。

1)调整配电柜机械联锁。重点检查五种防止误操作功能,应符合产品安装使用技术说明书的规定。

2)二次控制线调整。将所有的接线端子螺丝再紧一次;用兆欧表测试配电柜间线路的线间和线对地间绝缘电阻值,馈电线路必须大于 $0.5M\Omega$,二次回路必须大于 $1M\Omega$;二次线回路如有晶体管、集成电路、电子元件时,该部位的检查不得使用兆欧表,应使用万用表测试回路接线是否正确。

3)模拟试验。将柜(台)内的控制、操作电源回路熔断器上端相线拆掉,将临时电源线压接在熔断器上端,接通临时控制电源和操作电源。按图纸要求,分别模拟试验控制、连锁、操作、继电保护和信号动作,正确无误,灵敏可靠;音响信号指示正确。

(2)配电柜的试验。

1)高压试验。高压成套配电柜必须按现行国家标准《电气装置安装工程电气设备交接试验标准》(GB 50150—2016)的规定交接试验合格,且应符合下列规定:

①继电保护元器件、逻辑元件、变送器和控制用计算机等单体校验合格，整组试验动作正确，整定参数符合设计要求。

②凡经法定程序批准，进入市场投入使用的新高压电气设备和继电保护装置，按产品技术文件要求交接试验。

③高压瓷件表面严禁有裂纹、缺损和瓷釉损坏等缺陷，低压绝缘部件完整。

2)定值整定。定值整定工作应由供电部门完成，定值严格按供电部门的定值计算书输入。对于继电器控制的配电柜，分别对电流继电器、时间继电器定值进行调整；对于微机操作的配电柜直接将各参数输入至各配电柜控制单元。

2.试运行验收

(1)送电试运行前的准备工作。

1)备齐经过检验合格的验电器、绝缘靴、绝缘手套、临时接地线、绝缘垫、干粉灭火器等。

2)对设置固定式灭火系统及自动报警装置的变配电室，其消防设施应经当地消防部门验收后，变配电设施才能正式运行使用。如未经消防部门验收，须经其同意，并办理同意运行手续后，才能进行高压运行。

3)再次清扫设备，并检查母线上、配电柜上有无遗留的工具、材料等。

4)试运行的安全组织措施到位，明确试运行指挥者、操作者和监护者。明确操作程序和安全操作应注意的事项。填写工作票、操作票，实行唱票操作。

(2)空载送电试运行。

1)由供电部门检查合格后，检查电压是否正常，然后对进线电源进行核相，相序确认无误后，按操作程序进行合闸操作。先合高压进线柜开关，并检查PT柜的三相电压指示是否正常。再合变压器柜开关，观察电流指示是否正常，低压进线柜上电压指示是否正常，并操作转换开关，检查三相电压情况。再依次将各高压开关柜合闸，并观察电压、电流指示是否正常。

2)合低压柜进线开关,在低压联络柜内,在开关的上下侧(开关未合状态)进行核相。

(3)验收。

经过空载试运行试验 24h 无误后,进行负载运行试验,并观察电压、电流等指示正常,高压开关柜内无异常声响,运行正常后,即可办理验收手续。

## 二、变压器及箱式变电所调试及试运行

### 1.设备试验

(1)变压器的常规试验见表 4-3。

表 4-3　　　　　　　　　变压器的常规试验

| 试验内容 | 干式变压器 | |
| --- | --- | --- |
| | 电压等级 | |
| | 6kV | 10kV |
| 绕组连同套管直流电阻值测量(在分接头各个位置) | 与出厂值比较,同温度下变化不大于 2% | 同左 |
| 检查变比(在分接头各个位置) | 与变压器铭牌相同,符合规律 | 同左 |
| 检查接线组别 | 与变压器铭牌相同,与出线负号一致 | 同左 |
| 绕组绝缘电阻值测量 | 经测量时温度与出厂测量温度换算后不低于出厂值 70% | 同左 |
| 绕组连同套管交流工频耐压试验 | 17kV,1min | 24kV,1min |
| 与铁芯绝缘的紧固件绝缘电阻值测量 | 用 2500V 兆欧表测量 1min,无闪络击穿现象 | 同左 |
| 检查相位 | 与设计要求一致 | 同左 |

(2)箱式变电所的常规试验:箱式变电所电气交接试验,变压器按表 1 的规定进行;高压柜及母线试验见本节第一条第 1 款中"配电柜的试验"相应内容。

### 2.送电前检查

(1)变压器试运行前应做全面检查,确认符合试运行条件后方可投

入运行,检查内容如下:

1)变压器应清理、擦拭干净,顶盖上无遗留杂物。

2)变压器一、二次引线相位和相色标志正确,绝缘良好。

3)变压器外壳和其他非带电金属部件均应接地良好可靠。

4)有中性点接地变压器在进行冲击合闸前,中性点必须接地。

5)消防设施齐备。

6)保护装置整定值符合规定要求;操作及联动试验正常。

7)无外壳干式变压器护栏安装完毕;各种标志牌、门锁齐全。

8)轮子的制动装置固定牢固。

(2)箱式变电所接线完毕后应进行柜体内部清扫,用擦布将柜内外擦干净;检查母线上、柜内有无遗留的工具、材料等。

3.试运行验收

(1)设备试运行。

1)变压器空载投入冲击试验:变压器不带负荷投入,所有负荷侧开关应全部拉开。按规程规定在变压器试运行前,必须进行全电压冲击试验,以考验变压器的绝缘和保护装置。全电压冲击合闸,第一次投入时由高压侧投入,受电后,持续时间不少于 10min,经检查无异常情况后,再每隔 5min 进行冲击一次,连续进行 3~5 次全电压冲击合闸,励磁涌流不应引起保护装置误动作,最后一次进行 24h 空载试运行。

2)变压器空载运行主要检查温升及噪声。正常时发出嗡嗡声,异常时有以下几种情况:声音比较大而均匀时,可能是外加电压比较高;声音比较大而嘈杂时,可能是芯部有松动;有兹兹放电声音,可能是芯部和套管有表面闪络;有爆裂声响,可能是芯部击穿现象。应严加注意,并检查原因及时分析处理。

3)在冲击试验中操作人员应注意观察冲击电流、空载电流及一、二次侧电压等,并做好详细记录。

4)变压器空载运行 24h,无异常情况后,方可投入负荷运行。

(2)验收。

变压器和箱式变电所经过空载运行 24h,无异常情况后,可办理验收手续。

# 第五章　供电干线安装

## 第一节　电力电缆敷设要求及故障排除

### 一、电缆的敷设要求及方法

1. 电力电缆的敷设要求

（1）电力电缆线路要根据供配电的需要、保障安全运行、节约投资、便于施工等因素，确定经济合理的线路走向。

（2）对直埋敷设的地下电缆，应有铠装和防腐保护层。

（3）电缆埋设深度以及电缆与各种设施交叉的最小距离，应符合表5-1和表5-2的规定。

表5-1　电缆之间，电缆与管道、道路、建筑物之间平行和交叉时的最小净距（单位：m）

| 项　目 | | 最小净距 | |
|---|---|---|---|
| | | 平　行 | 交　叉 |
| 电力电缆间及其与控制电缆间 | 10kV 及以下 | 0.10 | 0.50 |
| | 10kV 以上 | 0.25 | 0.50 |
| 控制电缆间 | | — | 0.50 |
| 不同使用部门的电缆间 | | 0.50 | 0.50 |
| 热管道（管沟）及热力设备 | | 2.00 | 0.50 |
| 油管道（管沟） | | 1.00 | 0.50 |
| 可燃气体及易燃液体管道（沟） | | 1.00 | 0.50 |
| 其他管道（管沟） | | 0.50 | 0.50 |
| 铁路路轨 | | 3.00 | 1.00 |
| 电气化铁路路轨 | 交流 | 3.00 | 1.00 |
| | 直流 | 10.0 | 1.00 |
| 公路 | | 1.50 | 1.00 |
| 城市街道路面 | | 1.00 | 0.70 |
| 杆塔基础（边线） | | 1.00 | — |

续表

| 项　目 | 最小净距 | |
|---|---|---|
| | 平　行 | 交　叉 |
| 建筑物基础(边线) | 0.60 | — |
| 排水沟 | 1.00 | 0.50 |

注:1.电缆与公路平行的净距,当情况特殊时可酌减。

2.当电缆穿管或者其他管道有保温层等防护设施时,表中净距应从管壁或防护设施的外壁算起。

3.电缆穿管敷设时,与公路、街道路面、杆塔基础、建筑物基础、排水沟等的平行最小间距可按表中数据减半。

表 5-2　　　架空电缆与公路、铁路、架空线路交叉跨越时最小允许距离　　　(单位:m)

| 交叉设施 | 最小允许距离 | 备　注 |
|---|---|---|
| 铁路 | 7.5 | — |
| 公路 | 6 | — |
| 电车路 | 3/9 | 至承力索或接触线/至路面 |
| 弱电流线路 | 1 | — |
| 电力线路 | 1/2/3/4/5 | 电压(kV)1以下/6~10/35~110/154~220/330 |
| 河道 | 6/1 | 五年一遇洪水位/至最高航行水位的最高船桅顶 |
| 索道 | 1 | — |

(4)电缆在敷设前应做好潮气检查,受潮会使绝缘强度降低。外观有问题的电缆要做直流耐压试验。

(5)严格防止电缆扭伤和弯曲,转弯时弯曲半径应符合规定。

(6)直埋电缆沟的沟底必须平整,无坚硬物质,否则应在沟底铺一层 100mm 厚的细砂或软土,然后在电缆的上面覆盖一层 100mm 的细砂或软土,再盖上混凝土保护板。在地面上必须装设电缆走向警告标志,并绘制走向图样存档。

(7)铠装电缆垂直或水平敷设时,在电缆的首尾端、转弯及接头处需用卡子固定,支持点间距离水平敷设时不大于 1m,垂直敷设时不大于 1.5m。

(8)在钢丝上悬吊电缆的固定点距离,水平敷设时不超过 0.75m,

垂直敷设时不超过 1.5m。

(9)电缆穿越路面和建筑物及引出地面时,均应穿套管保护。一根保护管穿一根电缆,但单芯电缆不允许穿套在钢质保护管内。保护管内径不小于电缆外径的 1.5 倍。

(10)冬季温度低,浸渍低绝缘电缆内部油的黏度大,润滑性能降低,电缆变硬不易弯曲,敷设时容易受伤,因此,敷设前应将电缆预先加热,对于不同的电缆,需要加热的环境温度也各不相同:10kV 及以下低绝缘电缆的环境温度为 0℃;橡皮绝缘沥青护层电缆为-7℃;橡皮绝缘聚氯乙烯护套电缆为-15℃;橡皮绝缘裸铅包电缆为-20℃。

(11)电缆敷设在下列地方应留有适当的余量:过河两端留 3~5m;过桥两端留 0.3~0.5m;电缆终端处留1~1.5m,以备重新封端用。

(12)电缆引出地面时,露出地面上 2m 长的一段应穿在钢管内,以防机械损伤。电缆穿过墙壁和楼板的地方,也要加设保护管,并在电缆安装结束后,将管口两端用黄麻沥青密封。

(13)多根电力电缆并列敷设时,电缆的中间接头应前后错开,接头盒用托板托置,并用耐气弧隔板隔开,托板及隔板两端要伸出接线盒 0.6m 以上。

(14)敷设电缆时,电缆应从电缆盘上方引出,用滚筒架起防止在地面摩擦。电缆上不能有消除不掉的机械损伤,如压扁、拧纹、铅包折裂及铠装严重锈蚀断裂等。

(15)铠装电缆在锯断前,应在锯口两侧各 50mm 处用铁丝绑牢。油浸纸绝缘电缆锯断后,应立即将端头用铅封好,或做好临时包扎,塑料绝缘电缆应做防水封端。

(16)铠装电缆和铅包电缆的金属外皮两端、金属电缆终端头及保护钢管必须可靠接地,接地电阻不应大于 10Ω。

**2.电缆的敷设方法**

电缆敷设前应先核查电缆的型号、电压、规格是否符合设计要求,并检查有无机械损伤及受潮。对 6~10kV 电缆应用 2500V 摇表测量,每千米电缆绝缘电阻(20℃)不低于 100MΩ;3kV 以下的电缆,可用 1000V 摇表测量,每千米电缆绝缘电阻不低于 50MΩ。按施工图要求在地面用白粉标出电缆敷设的路径和沟的宽度,然后按电缆的敷设规程和埋深要求挖沟。

(1)直埋电缆的敷设(见图5-1)。直埋电缆是把电缆直接埋入地下,常用于无电缆沟相通的地方,按选定的线路挖掘地沟,然后将电缆埋在里面。沟的深度为0.8m左右,沟宽应视电缆的数量而定,一般取600mm左右,10kV以下的电缆,相互的间隔要保证在100mm以上;每增加一根电缆,沟宽加大170~180mm,电缆沟的横断面呈上宽(比沟底宽200mm)下窄形状,沟底应平整,清除石块后,铺上100mm的松土或细砂作电缆的垫层。电缆应松弛地敷在沟底,以便伸缩。在电缆上面再铺上100mm厚的软土或砂层,再盖上混凝土保护板,覆盖宽度应超过电缆两侧50mm,最后在电缆沟内填土,覆土要高于地面150~200mm,并在电缆线路的两端转弯处和中间接头处均竖一根露出地面的混凝土标识桩,在标识桩上注明电缆的型号、规格、敷设日期和线路走向,以便检修。

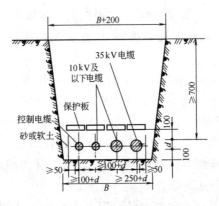

图 5-1  电缆直接埋地

(2)电缆沟的敷设。在地面上做好一条电缆沟,沟的尺寸视电缆多少而定,沟壁用水泥砂浆抹面,将电缆敷设在沟壁的角钢支架上,电缆间平行距离不小于100mm,垂直距离不小于150mm。

先敷设长的、截面大的电源干线,再敷设截面小而短的电缆。每施放一根电缆,随即挂好标示牌。如果在一条电缆沟里同时有电力和控制两种电缆时,这两种电缆不能混放在一起,要分别放在沟的两边,若沟内只有一边支架,则电力电缆放在控制电缆的上层。当沟里有高压电缆和低压电缆时,高压电缆要放在低压电缆的上层。电缆沟通向室外的地方应有防止地下水浸入沟内的措施,沟顶的盖板应与地面齐平。电缆从电缆沟引出到地上的部分,离地高度 2m 以内的一段必须用保护管保护,以免被外物碰伤。

**二、电缆故障排除**

1. 电缆一般故障的判断处理

电力电缆在运行中可能发生各种故障,如单相接地、多相接地短路、相间短路、断线以及不稳定击穿的闪络性故障等。电缆故障,一般很难直接检查,要借助各种仪器寻测故障点。寻测时应先了解电缆线路状况和长度,并用兆欧表在电缆两端分别测量各线芯对地及线芯间绝缘电阻,以便确定故障性质。只有采用适当的仪器和方法,才能精确测定故障点。

(1)单相接地或多相短路接地。

新安装的电缆较常见的故障是接地,即线芯与铅包间绝缘被击穿。其中最常遇到的是由于终端头制作工艺不良,使电缆头部线芯把外壳击穿。单相接地故障一般可用电桥法测定接地点的位置。如图 5-2 所示,图中电缆全长为 $l$,$l_x$ 是测量端至故障点的长度,$r_g$ 是故障点的过渡电阻。

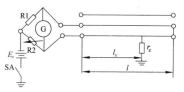

图 5-2　电桥法寻找单相接地短路点

因电缆线芯截面是均匀的,其长度与直流电阻成正比,故当电桥平衡,检流计 G 为零时,可得

$$\frac{R_1}{R_2}=\frac{2l-l_x}{l_x} \tag{5-1}$$

式中　$R_1$、$R_2$——桥臂电阻。

测量端至故障地点的距离 $l_x$,可由电缆长度 $l$ 及桥臂电阻 $R_1$、$R_2$ 算出:

$$l_x=2l\frac{R_2}{R_1+R_2} \tag{5-2}$$

然后调换两线芯接到电桥端子的位置,得

$$l_x = 2l \frac{R_1}{R_1 + R_2} \quad (5-3)$$

综合 4 次(在电缆的另一端测两次)测量结果以缩小误差。测量时,可使用一般的惠斯登电桥。

三相短路接地故障测量接线如图 5-3 所示。因为这时没有完整的线芯可以利用,所以在图中增设了一对临时线,临时线可用较细的线,设每根临时线的电阻为 $R$,则故障点到测量端的距离为

$$l_x = \frac{R_2}{R_1 + R_2 + R} l \quad (5-4)$$

**2. 断线故障**

如果不是完全断线,还存在过渡电阻,应通以交流电将它烧断,使之变为完全断线,然后按如图 5-4 所示的方法测量。

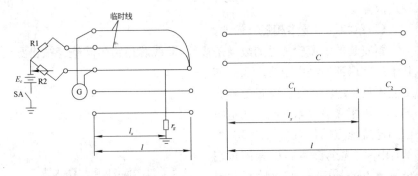

图 5-3  电桥法寻找三相短路接地故障点　　图 5-4  单相断线故障

在 $l_x$ 处发生一相完全断线,两根完好线芯间的电容为 $C$,一根完好线芯断线后各股间的电容分别为 $C_1$ 和 $C_2$,则 $C_1$、$C_2$ 和 $C$ 值可用交流电桥或电压-电流法测出:

$$l_x = \frac{C_1}{C_1 + C_2} l = \frac{C_1}{C} l \quad (5-5)$$

**3. 闪络性故障**

在进行电力电缆耐压试验时,当直流电压升高至某值时即发生击穿,去掉电压后测量绝缘电阻,绝缘电阻却又很高,再升压又发生击穿,

电压降低后绝缘又恢复,这种现象称为闪络性击穿。遇到这种情况,最好反复击穿几次,使之转化为稳定性接地故障,然后寻测。经用电桥法粗测故障地点后,再进行精确位置寻测,常用的方法有感应法和声测法。

(1)感应法:其原理是当音频电流经过电缆线芯时,在电缆的周围有电磁波存在,因此,携地电磁感应接收器沿线路行走时,可以听到电磁波的音响。到故障点时,电流突变,电磁波的音响也发生突变。这种方法对寻找断线、相间低电阻短路故障很方便。

(2)声测法:其原理是用高压脉冲促使故障点放电,产生放电声,用传感器在地面接收这种放电声,以测出故障点的精确位置。

# 第二节 电缆连接及安装

## 一、电缆头制作

电缆线路的两端接头称终端接头,电缆线路中间的接头称中间接头。

### 1.10kV 交联电缆热缩终端头的制作

热收缩型终端头(简称热缩终端头),由一种具有"弹性记忆效应"的橡塑材料(经加工后遇热收缩的高分子材料)制成。热缩终端头主要由热缩应力控制管、无泄痕耐气候管(绝缘管)、密封胶、导电漆、分支手套、防雨罩等组成。

现以 10kV 交联聚乙烯绝缘电缆为例,介绍热缩终端头的制作程序(见图 5-5)。

(1)剥除塑料护套、锯铠装。

1)按图 5-5(a)所示尺寸,剥除塑料护套;

2)在距电缆外护套切口30mm 处扎绑线一道(3 匝或 4 匝),剥去绑线外端部铠装;

3)在距铠装末端 20mm 处将端部内护套(内垫层)线芯分开,除去填料。

(2)焊接地线。

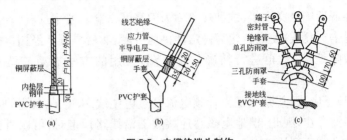

**图 5-5 电缆终端头制作**

(a)剥除塑料护套;(b)扎紧铜屏蔽层;(c)热缩防雨罩

1)用砂纸擦光铠装接地线焊区;

2)用截面积不小于 $25mm^2$ 的镀锡铜辫按图 5-6 所示方法在三相线芯根部的铜屏蔽层上各绕一圈,并用锡焊点焊在铜屏蔽上;

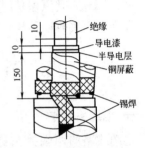

3)再用镀锡铜辫绑在铠装上,并用焊锡焊牢;

4)在铜辫的下端(从塑料护套切口处开始)用焊锡填满铜辫,形成一个 30mm 的防潮层。

**图 5-6 接地线的连接方法**

(3)套分支手套并加热收缩。

1)在三叉根部包绕密封胶;

2)将分支手套套至根部后用喷灯加热,从中部开始往下收缩,然后再往上收缩,使分支手套均匀地收缩在电缆上。

若分支手套内未涂密封胶,则应在分支手套根部的塑料护套上及接地铜辫上缠 30mm 的热熔胶带,以保证分支手套处有良好的密封。

(4)剥除铜屏蔽及半导电屏蔽层。

1)按如图 5-5(b)所示尺寸将铜屏蔽层(从分支手套手指端部起往端子方向 55mm)扎紧,其余剥去;

2)从铜屏蔽层端部往端子方向留取 20mm 的半导电屏蔽层,其余剥去,但不能损伤绝缘层;

3)对保留的 20mm 半导电屏蔽层,在靠端子的一端用玻璃片刮一个 5mm 的斜坡;

4)用 0 号砂纸将绝缘层表面打磨光滑、平整;

5)用汽油将绝缘层表面擦净,擦时应从末端向根部擦,防止将半导电层上的炭黑擦到绝缘层表面。

(5)涂导电漆(或包半导电胶)。

1)在距半导电屏蔽层末端 10mm 处的绝缘层上包两圈塑料带,以使导电漆刷得平整、无尖刺;

2)在末端 5mm 斜坡处的半导电屏蔽层表面和距半导电屏蔽层末端 10mm 的绝缘层表面上刷导电漆或包一层半导电胶,导电漆要刷整齐;

3)拆除临时包扎的两圈塑料带。

(6)套应力控制管。

1)若绝缘表面不光滑,则应先在绝缘表面套应力控制管的部位涂上一层薄薄的硅脂;

2)将应力控制管套在线芯的铜屏蔽层上,使铜屏蔽层进入应力控制管 20mm;

3)从下至上加热应力控制管,进行收缩。

(7)套无泄痕耐气候管(绝缘管)。

1)用清洁剂将绝缘表面、应力控制管和分支手套的手指表面擦净;

2)在分支手套的手指上缠一层密封胶带;

3)分别将 3 根无泄痕耐气候管(绝缘管)套至手指根部;

4)从分支手套的手指与应力控制管接口处开始加热收缩,先向下收缩,然后再向上收缩。

(8)压接端子(接线鼻子)。

1)在线芯末端剥去长度为接线端子孔深加 5mm 的绝缘层;

2)在保留的绝缘层上,将终端 5mm 绝缘层削成锥形;

3)套上接线端子并压接。

(9)套过渡密封管。

1)用密封胶填满空隙;

2)将接线端子预热,以使密封胶充分熔化黏合;

3)把密封管套在端子边沿和线芯绝缘的锥形部位(端子套入密封管内 10mm);

4)从密封管中部向两端加热收缩。

(10)套相线色标管,再次加热固定,至此,户内终端头制作工序结束,对于室外终端头还要进行下道工序。

(11)热缩防雨罩。

1)按图 5-5(c)所示尺寸套入三孔防雨罩,并加热固定;

2)再按图 5-5(c)所示尺寸在各线芯上套入单孔防雨罩,并加热固定。每隔 60mm 加一个防雨罩,10kV 终端头应加 3 个防雨罩,如图 5-7 所示。

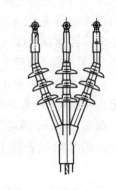

图 5-7　户外型热收缩电缆头

2.10kV 交联电缆热缩中间接头的制作

热收缩型中间接头的制作与终端头的制作基本相似,下面以 10kV、240mm² 聚乙烯铠装电缆为例。

(1)剥除塑料护套、锯铠装。

1)按图 5-8 所示尺寸进行剖塑和锯铠装;

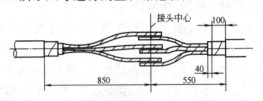

图 5-8　热收缩型接头剥除尺寸

2)将接头盒的外护套、铠装铁套和内护套套至接头两端的电缆上。

(2)剥除屏蔽层和绝缘层。

按图 5-9 所示尺寸剥除各相线芯的铜屏蔽层、半导电屏蔽层和绝缘层。

(3)刷导电漆。

在半导电屏蔽层上刷导电漆 5mm,在绝缘层上刷导电漆 10mm,如图 5-9 所示。

(4)压接线芯及包半导电带。

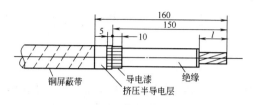

**图 5-9　热收缩头线芯绝缘剥切尺寸**

1）用压接管将线芯压接；

2）压接后在压接管表面包一层半导电带，并将压接管两端的空隙填平。

（5）套管收缩。

按顺序套上应力控制管、绝缘管、屏蔽管，分别进行加热收缩，如图 5-10 所示。

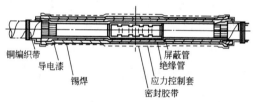

**图 5-10　接头绝缘结构**

收缩时应先从中间开始，向两端收缩，并在每收缩完一层管后，立即趁热进行外层管子的收缩。三相线芯可同时进行热缩。

在收缩应力控制管前，应先在线芯绝缘上涂硅脂，将表面空隙填平，再按图 5-10 所示在屏蔽管上包铜编织带，在两端用镀锡铜辫扎紧并用焊锡焊牢。

（6）收拢三芯。

1）将三芯线并拢收紧，用白布带将线芯扎紧；

2）在电缆的内护套上包缠密封胶带；

3）将内护套套至电缆接头上进行加热收缩、密封。

注意各接口部位均应加密封胶。

（7）套铠装铁套。

将铠装铁套套至电缆接头上，分 5 点用油麻带扎紧。

（8）套外护套。

将外护套套至铁套上(在各接口部位均应包缠密封胶带),分段进行加热收缩。

3. 电缆头的热收缩工艺

(1)热收缩时的热源应尽量使用液化气,使用时应将焊枪的火焰调到发黄的柔和蓝色火焰(避免蓝色尖状火焰)。用汽油喷灯时,应使用高标号烟量少的汽油,禁止使用煤油喷灯。

(2)热收缩时应不停地移动火焰,以防烧焦管材;火焰应沿电缆周围烘烤,且应朝向热缩方向以预热管材;只有在加热部分充分收缩后才能将火焰向预热方向移动。

(3)收缩后的管子表面应光滑、无皱纹、无气泡,并能清晰看到内部结构的轮廓。

(4)较大的电缆和金属器件在热缩前应预热,以保证良好的黏合。

(5)应除去和清洗所有与黏合剂接触表面上的油污。

4. 室内低压电缆头套的制作

室内低压聚氯乙烯绝缘、聚氯乙烯护套、电力电缆终端头套的制作工序如下。

(1)摇测电缆绝缘:选用 500MΩ 兆欧表进行摇测,绝缘电阻应在 10MΩ 以上。测完后应将芯线分别对地放电。

(2)剥电缆铠装、打卡子。

1)根据电缆与设备连接的具体尺寸,量电缆并做好标记,锯掉多余电缆;

2)根据电缆头套型号、尺寸要求(见表5-3和图 5-11),剥除外护套;

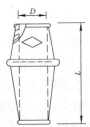

图 5-11　电缆头套型号尺寸

表 5-3　　　　　　　　　　电缆头套型号、尺寸要求

| 序　号 | 型　号 | 规 定 尺 寸 | | 通 用 范 围 | |
|---|---|---|---|---|---|
| | | $L/mm$ | $D/mm$ | VV、VLV 四芯 /$mm^2$ | VV20、VLV29 四芯/$mm^2$ |
| 1 | VDT-1 | 86 | 20 | 10~16 | 10~16 |
| 2 | VDT-2 | 101 | 25 | 25~35 | 25~35 |
| 3 | VDT-3 | 122 | 32 | 50~70 | 50~70 |

续表

| 序　号 | 型　号 | 规 定 尺 寸 | | 通 用 范 围 | |
| | | $L$/mm | $D$/mm | VV，VLV 四芯 /mm² | VV20，VLV29 四芯/mm² |
| --- | --- | --- | --- | --- | --- |
| 4 | VDT-4 | 138 | 40 | 95～120 | 95～120 |
| 5 | VDT-5 | 150 | 44 | 150 | 150 |
| 6 | VDT-6 | 158 | 48 | 185 | 185 |

3）将地线的焊接部位用钢锉处理，以备焊接；

4）利用电缆本身钢带宽的 1/2 做卡子，采用咬口的方法将卡子打牢（必须打两道，两道卡子的间距为 15mm），同时要将 10mm² 多股铜线排列整齐后卡在卡子里，如图 5-12 所示；

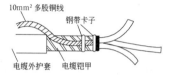

图 5-12　打卡子

5）剥电缆铠装，用钢锯在第一道卡子向上 3～5mm 处锯一环形深痕，深度为钢带厚度的 2/3，不得锯透；

6）用旋具在锯痕尖角处将钢带挑起，用钳子将钢带撕掉，随后将钢带锯口处用钢锉修理钢带毛刺，使其光滑。

（3）焊接地线：用焊锡将地线接于电缆钢带上。焊接应牢固，不得虚焊，不得烫伤电缆。

（4）包缠电缆，套电缆头套。

1）剥去电缆统包绝缘层，将电缆头套下部先套入电缆；

2）根据电缆头的型号、尺寸，按电缆头套长度和内径，采用半叠法用塑料带包缠电缆。塑料带包缠应紧密，形状呈枣核状，如图 5-13 所示；

3）将电缆头套上部套好，与下部对接套严，如图 5-14 所示。

（5）压电缆芯线接线鼻子。

1）从芯线端头量出接线鼻子深加 5mm 的长度，剥去电缆芯线绝缘，并在芯线上涂抹凡士林；

2）将芯线插入接线鼻子内，用压线钳子压紧接线鼻子，压接应在两道以上；

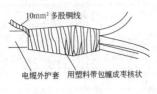

图 5-13　包缠塑料带

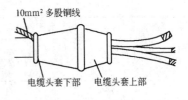

图 5-14　电缆头套做法

3)根据不同的相位,使用黄、绿、红、黑四色塑料带,分别包缠电缆各芯线至接线鼻子的压接部位;

4)将做好终端头的电缆固定在预先做好的电缆头支架上,并将芯线分开;

5)根据接线端子的型号选用螺栓,将电缆接线端子压接在设备上。注意应使螺栓由上至下或从内向外穿,平垫和弹簧垫应安装齐全。

## 二、母线制作与安装

### 1.母线材料检验

母线在加工前,应检验母线材料是否有出厂合格证,无合格证的,应做抗拉强度、延伸率及电阻率的试验。

(1)外观检查:母线材料表面不应有气孔、划痕、坑凹、起皮等质量缺陷。

(2)截面检验:用千分尺抽查母线的厚度和宽度(应符合标准截面的要求),硬铝母线的截面误差不应超过 3%。

(3)抗拉极限强度:硬铝母线的抗拉极限强度应为 $12kg/mm^2$ 以上。

(4)电阻率:温度为 20℃时,铝母线的电阻率 $\rho = 0.0295 \times 10^{-6} \Omega \cdot m$。

(5)延伸:铝母线的延伸率为 4%~8%。

### 2.母线的矫正

母线材料要求平直,对弯曲不平的母线应进行矫正,其方法有手工矫正和机械矫正。手工矫正时,可将母线放在平台上或平直、光滑、洁净的型钢上,用硬质木锤直接敲打,如弯曲较大,可在母线弯曲部位垫上垫块(如铝板、木板等)后用大锤间接敲打。对于截面较大的母线,可用母线矫正机进行矫正。

3. 测量下料

母线在下料前,应在安装现场测量母线的安装尺寸,然后根据实测尺寸下料。若安装的母线较长,可在适当地点进行分段连接,以便检修时拆装,并应尽量减少母线的接头和弯曲数量。

4. 母线的弯曲

母线的弯曲一般有平弯(宽面方向弯曲)、立弯(窄面方向弯曲)、扭弯(麻花弯)和折弯(等差弯)四种形式,其尺寸要求如图 5-15 所示。

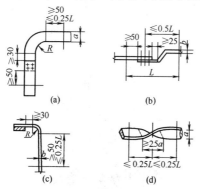

图 5-15　母线的弯曲

(a)立弯;(b)折弯;(c)平弯;(d)扭弯

$L$—母线两支持点间的距离;$b$—母线厚度;$a$—母线宽度;$R$—母线弯曲半径

(1)母线平弯。

母线平弯时可用平弯机(见图 5-16)。操作时,将需要弯曲的部位划上记号,再把母线插入平弯机的两个滚轮之间,位置调整无误后,拧紧压力丝杠,慢慢压下平弯机手柄,使母线平滑弯曲。

弯曲小型母线时可使用台虎钳。先将母线置于台虎钳钳口中(钳口上应垫以垫板),然后用手扳动母线,使母线弯曲到需要的角度,母线弯曲的最小允许弯曲半径应符合表 5-4 的要求。

图 5-16　母线平弯机

表 5-4　　　　　　　　　　　硬母线最小弯曲半径

| 母线截面尺寸 a×b | 平弯最小弯曲半径/mm | | | 立弯最小弯曲半径/mm | | |
|---|---|---|---|---|---|---|
| | 铜 | 铝 | 钢 | 铜 | 铝 | 钢 |
| <50mm×5mm | 2b | 2b | 2b | 1a | 1.5a | 0.5a |
| <120mm×10mm | 2b | 2.5b | 2b | 1.5a | 2a | 1a |

注：a—母线宽度；b—母线厚度。

(2)母线立弯。

母线立弯时可用立弯机(见图 5-17)。先将母线需要弯曲部分套在立弯机的夹板 4 上，再装上弯头 3，拧紧夹板螺栓 8，调整无误后，操作千斤顶 1，使母线弯曲。

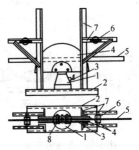

**图 5-17　母线立弯机**
1—千斤顶；2—槽钢；3—弯头；4—夹板；
5—母线；6—挡头；7—角钢；8—夹板螺栓

(3)母线扭弯。

母线扭弯时可用扭弯器(见图 5-18)。将母线扭弯部分的一端夹在台虎钳钳口上(钳口垫以垫板)，在距钳口大于母线宽度的 2.5 倍处，用母线扭弯器夹住母线，用力扭动扭弯器手柄，使母线弯曲到需要的形状。

(4)母线折弯。

母线折弯可用弯模(见图 5-19)加压成形，也可用手工在台虎钳上敲打成形。用弯模时，先将母线放在弯模中间槽的钢框内，再用千斤顶或其他压力设备加压成形。

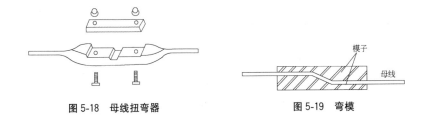

图 5-18　母线扭弯器　　　　　图 5-19　弯模

5. 钻孔

母线连接或母线与电气设备连接所需要的拆卸接头,均用螺栓搭接紧固。所以,凡是用螺栓固定的地方都要在母线上事先钻好孔眼,其钻孔直径应大于螺栓直径1mm。常用母线搭接的分布尺寸和孔径大小应按表5-5选择。

表 5-5　　　　　　　　　　母线螺栓搭接尺寸

| 搭接形式 | 类别 | 序号 | 连接尺寸/mm | | | 钻孔要求 | | 螺栓规格 |
|---|---|---|---|---|---|---|---|---|
| | | | $b_1$ | $b_2$ | $a$ | $\phi$/mm | 个数 | |
| | 直线连接 | 1 | 125 | 125 | $b_1$ 或 $b_2$ | 21 | 4 | M20 |
| | | 2 | 100 | 100 | $b_1$ 或 $b_2$ | 17 | 4 | M16 |
| | | 3 | 80 | 80 | $b_1$ 或 $b_2$ | 13 | 4 | M12 |
| | | 4 | 63 | 63 | $b_1$ 或 $b_2$ | 11 | 4 | M10 |
| | | 5 | 50 | 50 | $b_1$ 或 $b_2$ | 9 | 4 | M8 |
| | | 6 | 45 | 45 | $b_1$ 或 $b_2$ | 9 | 4 | M8 |
| | 直线连接 | 7 | 40 | 40 | 80 | 13 | 2 | M12 |
| | | 8 | 31.5 | 31.5 | 63 | 11 | 2 | M10 |
| | | 9 | 25 | 25 | 50 | 9 | 2 | M8 |
| | 垂直连接 | 10 | 125 | 125 | — | 21 | 4 | M20 |
| | | 11 | 125 | 100～80 | — | 17 | 4 | M16 |
| | | 12 | 125 | 63 | — | 13 | 4 | M12 |
| | | 13 | 100 | 100～80 | — | 17 | 4 | M16 |
| | | 14 | 80 | 80～63 | — | 13 | 4 | M12 |
| | | 15 | 63 | 63～50 | — | 11 | 4 | M10 |
| | | 16 | 50 | 50 | — | 9 | 4 | M8 |
| | | 17 | 45 | 45 | — | 9 | 4 | M8 |

| 搭接形式 | 类别 | 序号 | 连接尺寸/mm | | | 钻孔要求 | | 螺栓规格 |
|---|---|---|---|---|---|---|---|---|
| | | | $b_1$ | $b_2$ | $a$ | $\phi$/mm | 个数 | |
| | 垂直连接 | 18 | 125 | 50~40 | — | 17 | 2 | M16 |
| | | 19 | 100 | 63~40 | — | 17 | 2 | M16 |
| | | 20 | 80 | 63~40 | — | 15 | 2 | M14 |
| | | 21 | 63 | 50~40 | — | 13 | 2 | M12 |
| | | 22 | 50 | 45~40 | — | 11 | 2 | M10 |
| | | 23 | 63 | 31.5~25 | — | 11 | 2 | M10 |
| | | 24 | 50 | 31.5~25 | — | 9 | 2 | M8 |
| | 垂直连接 | 25 | 125 | 31.5~25 | 60 | 11 | 2 | M10 |
| | | 26 | 100 | 31.5~25 | 50 | 9 | 2 | M8 |
| | | 27 | 80 | 31.5~25 | 50 | 9 | 2 | M8 |
| | 垂直连接 | 28 | 40 | 40~31.5 | — | 13 | 1 | M12 |
| | | 29 | 40 | 25 | — | 11 | 1 | M10 |
| | | 30 | 31.5 | 31.5~25 | — | 11 | 1 | M10 |
| | | 31 | 25 | 22 | — | 9 | 1 | M8 |

**6. 接触面的加工连接**

（1）接触面应加工平整，并需消除接触表面的氧化膜。在加工处理时，应保证导线的原有截面积，其截面偏差：铜母线不应超过原截面的3%，铝母线不应超过5%。

（2）母线接触表面加工处理后，应使接触面保持洁净，并涂以中性凡士林或复合脂，使触头免于氧化。

各种母线或导电材料连接时，接触面还应做如下处理。

1）铜-铜：在干燥室内可直接连接，否则接触面必须搪锡；

2）铝-铝：可直接连接，有条件时宜搪锡；

3）钢-钢：在干燥室内导体应搪锡，否则应使用铜铝过渡段；

4）钢-铝或铜-钢：搭接面必须搪锡。

搪锡的方法：先将焊锡放在容器内，用喷灯或木炭加热熔化；再把母线接触端涂上焊锡膏浸入容器中,使锡附在母线表面。母线从容器中取出后,应用抹布擦拭干净,去掉杂物。

母线接触面加工处理完毕后,才能将母线用镀锌螺栓依次连接起来。

7.母线安装

先在支持绝缘子上安装母线的固定金具,然后将母线固定在金具上。其固定方式有螺栓固定、卡板固定和夹板固定,如图 5-20 所示。

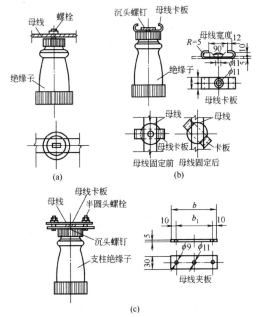

**图 5-20　母线的安装固定**

(a)螺栓固定;(b)卡板固定;(c)夹板固定

(1)安装要求。

水平安装的母线,应在该金具内自由收缩,以便当母线温度变化时使母线有伸缩余地,不致拉坏绝缘子。垂直安装时,母线要用金具夹紧。当母线较长时,应装设母线补偿器(也称伸缩节),以适应母线温度变化的伸缩需要。一般情况下,铝母线在 20～30m 处装设一个,铜母线为 30～50m,钢母线为 35～60m。

母线连接螺栓的紧密程度应适宜。拧得过紧时,母线接触面的承受压力差别太大,以至当母线温度变化时,其变形差别也随之增大,使接触电阻显著上升;太松时,难以保证接触面的紧密度。

(2)安装固定。

母线的固定方法有螺栓固定、卡板固定和夹板固定。

1)螺栓固定的方法是用螺栓直接将母线拧在绝缘子上,母线钻孔应为椭圆形,以便做中心度调整。其固定方法如图 5-20(a)所示。

2)卡板固定是先将母线放置于卡板内,待连接调整后,再将卡板按顺时针方向旋转,以卡住母线,如图 5-20(b)所示。如为电车绝缘子,其安装如图 5-21 所示。母线卡板规格尺寸见表 5-6。

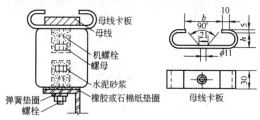

图 5-21　电车绝缘子固定母线

表 5-6　　　　　　　　　　母线卡板规格表　　　　　　　　　　(单位:mm)

| 母 线 截 面 | 40×5 | 80×6<br>100×6 | 100×8 |
| --- | --- | --- | --- |
| $b$ | 55 | 105 | 105 |
| $h$ | 8 | 8 | 12 |
| 全长 | 130 | 180 | 190 |

3)用夹板固定的方法无需在母线上钻孔。先用夹板夹住母线,然后在夹板两边用螺栓固定,并且夹板上压板应与母线保持 1~1.5mm 的间隙,当母线调整好(不能使绝缘子受到任何机械应力)后再进一步紧固,如图 5-20(c)所示,夹板规格尺寸见表 5-7。

表 5-7　　　　　　　　　　母线夹板规格表　　　　　　　　　　(单位:mm)

| 母 线 宽 度 | 40~80 | 100 |
| --- | --- | --- |
| $b$ | 120 | 140 |
| $b_1$ | 100 | 120 |

（3）母线补偿器的安装。

母线补偿器多采用成品伸缩补偿器，也可由现场制作，其外形及安装示意如图 5-22 所示。它由厚度为 0.2～0.5mm 的薄铜片叠合后与铜板或铝板焊接而成，其组装后的总截面积不应小于母线截面积的 1.2 倍。母线补偿器间的母线连接处，开有纵向椭圆孔，螺栓不能拧紧，以供温度变化时自由伸缩。

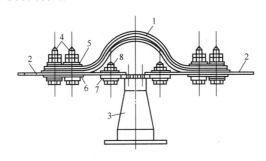

**图 5-22 母线伸缩补偿器**
1—补偿器；2—母线；3—支柱绝缘子；4,8—螺栓；
5—垫圈；6—衬垫；7—盖板

### 8. 母线拉紧装置

当硬母线跨越柱、梁或跨越屋架敷设时，线路一般较长，因此，母线在终端及中间端处，应分别装设终端及中间拉紧装置，如图 5-23 所示。母线拉紧装置一般可先在地面上组装好后，再进行安装。拉紧装置的一端与母线相连接，另一端用双头螺柱固定在支架上。母线与拉紧装置螺栓连接处应使用止退垫片，螺母拧紧后卷角，以防止松脱。

### 9. 母线排列和刷漆涂色

母线安装时要注意相序的排列，母线安装完毕后，要分别刷漆涂色。

（1）母线排列。

一般由设计规定，如无规定时，应按下列顺序布置。

1）垂直敷设：交流 L1、L2、L3 相的排列由上而下；直流正、负极的排列由上而下。

2）水平敷设：交流 L1、L2、L3 相的排列由内而外（面对母线，下同);直流正、负极的排列由内而外。

3)引下线:交流 L1、L2、L3 相的排列由左而右(从设备前正视);直流正、负极的排列由左而右。

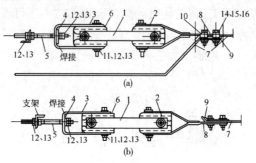

**图 5-23 母线拉紧装置**

(a)母线中间拉紧装置;(b)母线终端拉紧装置

1—拉板;2、3、9—夹板;4—垫板;5—双头螺柱;

6—拉紧绝缘子;7—母线;8—连接板;10—止退垫片;

11、14—螺栓;12、15—螺母;13、16—垫圈

(2)母线涂色。

母线安装完毕后,应按规定刷漆涂色。

### 三、封闭、插接母线安装

1.设备开箱清点检查

(1)设备开箱清点检查,应由建设单位、监理单位、供货商及施工单位共同进行并做好记录。

(2)根据装箱单检查设备及附件,其规格、数量、品种应符合设计要求。

(3)检查设备及附件,分段标志应清晰齐全、外观无损伤变形,母线绝缘电阻符合设计要求。

(4)检查发现设备及附件不符合设计和质量要求时,必须进行妥善处理,经过设计人员认可后再进行安装。

2.支架制作和安装

支架应按设计和产品技术文件的规定制作和安装,如设计和产品技术文件无规定时,按下列要求制作和安装。

(1)支架制作。

1)根据施工现场的结构类型,支架应采用角钢或槽钢制作,采用"一"字形、"L"形、"凵"形、"T"形四种形式。

2)支架的加工制作按选好的型号、测量好的尺寸断料制作,断料严禁气焊切割,加工尺寸最大误差不得大于 5mm。

3)型钢架的煨弯宜使用台钳,用锤子打制,也可使用油压煨弯器和模具顶制。

4)在支架上钻孔应用台钻或手电钻钻孔,不得用气焊割孔,孔径不得大于固定螺栓直径 2mm 及以上。

5)螺杆套扣,应用套丝机或套丝板加工,不许断丝。

(2)支架的安装。

1)封闭插接母线的拐弯处以及与箱(盘)连接处必须加支架。直段插接母线支架的距离不应大于 2m。

2)埋注支架用水泥砂浆,灰砂比为 1∶3,应用 32.5 级及以上的水泥,应注意灰浆饱满、严实、不高出墙面,埋深不少于 80mm。

3)固定支架的膨胀螺栓不少于两个。一个吊架应用两根吊杆,固定牢固,螺扣外露 2～4 扣,膨胀螺栓应加平垫圈和弹簧垫,吊架应用双螺母夹紧。

4)支架及支架与埋件焊接处刷防腐油漆,应均匀、无漏刷,不污染建筑物。

### 3.封闭式母线的安装

(1)一般要求。

1)封闭插接母线应按设计和产品技术文件规定进行组装,每段母线组对接续前绝缘电阻测试合格,绝缘电阻值大于 20MΩ,才能安装组对。

2)母线槽,固定距离不得大于 2.5m。水平敷设距地面高度不应小于 2.2m。

3)母线槽的端头应装封闭罩(见图 5-24),各段母线槽的外壳的连接应是可拆的,外壳间有跨接地线,两端应可靠接地。

4)母线与设备连接采用软连接(见图 5-25)。母线紧固螺栓应由厂家配套供应,应用力矩扳手紧固。

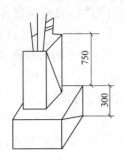

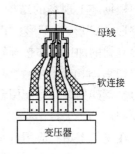

图 5-24　母线槽的端头安装示意图　　　　图 5-25　母线与设备软连接示意图

(2)母线槽沿墙水平安装(见图 5-26)。安装高度应符合设计要求,无要求时距地面不应小于 2.2m,母线应可靠固定在支架上。

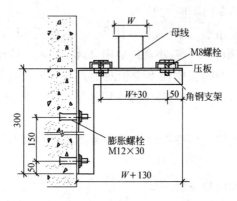

图 5-26　母线槽沿墙水平安装示意图

(3)母线槽悬挂吊装(见图 5-27、图 5-28)。吊杆直径按产品技术文件要求选择,螺母应能调节。

(4)封闭式母线的落地安装(见图 5-29)。安装高度应按设计要求,设计无要求时应符合规范要求。立柱可采用钢管或型钢制作。

(5)封闭式母线垂直安装。沿墙或柱子处,应做固定支架,过楼板处应加装防振装置,并做防水台(见图 5-30)。

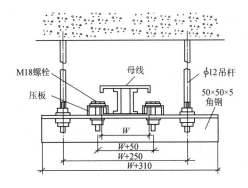

**图 5-27 母线槽悬挂吊装示意图(一)**

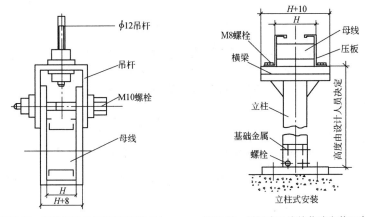

**图 5-28 母线槽悬挂吊装示意图(二)**　　**图 5-29 封闭式母线的落地安装示意图**

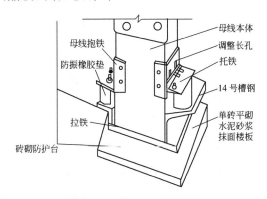

**图 5-30 封闭式母线垂直安装示意图**

(6)封闭式母线敷设长度超过 40m 时,应设置伸缩节,跨越建筑物的伸缩缝或沉降缝处,宜采取适当的措施(见图 5-31),设备订货时,应提出此项要求。

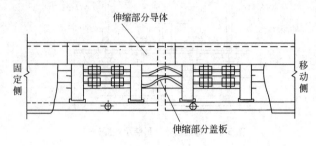

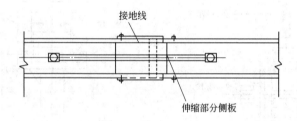

**图 5-31 封闭式母线跨越建筑物伸缩缝、沉降缝安装示意图**

(7)封闭式母线插接箱安装应可靠固定,垂直安装时,安装高度应符合设计要求,设计无要求时,插接箱底口宜为 1.4m(见图 5-32)。

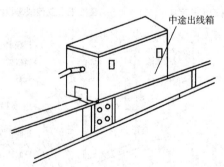

**图 5-32 封闭式母线插接箱安装示意图**

(8)封闭式母线垂直安装距地 1.8m 以下应采取保护措施(电气专

用竖井、配电室、电机室、技术层等除外)。

(9)封闭式母线穿越防火墙、防火楼板时,应采取防火隔离措施。

**4.试运行验收**

(1)试运行条件:变配电室已达到送电条件,土建及装饰工程及其他工程全部完工,并清理干净。与插接式母线连接设备及连线安装完毕,绝缘良好。

(2)对封闭式母线进行全面的整理,清扫干净,接头连接紧密,相序正确,外壳接地(PE)或接零(PEN)良好。绝缘摇测和交流工频耐压试验合格才能通电。低压母线的交流耐压试验电压为 1kV,当绝缘电阻值大于 10MΩ 时,可用 2500V 兆欧表摇测替代,试验持续时间1min,无闪络现象;高压母线的交接耐压试验,必须符合现行国家标准《电气装置安装工程 电气设备交接试验标准》(GB 50150—2016)的规定。

(3)送电空载运行 24h 无异常现象,办理验收手续,交建设单位使用,同时提交验收资料。验收资料包括交工验收单、变更洽商记录、产品合格证、说明书、测试记录、运行记录等。

**四、支持绝缘子安装**

支持绝缘子一般安装在墙上、配电柜金属支架或建筑物的构件上,用以固定母线或电气设备的导电部位,并与地绝缘。

**1.支架制作**

支架应根据设计施工图制作,通常用角钢或扁钢制成。加工支架时,其螺孔宜钻成椭圆孔,以便进行绝缘子中心距离的调整(中心偏差不应大于 2mm)。支架安装的间距要求:母线为水平敷设时,一般不超过 3m;垂直敷设时,不应超过 2m;或根据设计确定。

**2.支架安装**

支架安装的步骤:首先安装首尾两个支架,以此为固定点,拉一直线,然后沿线安装,使绝缘子中心在同一条直线上。支架安装方法如图5-33 所示。

**3.绝缘子的安装**

安装绝缘子时,应检查绝缘子有无裂缝(纹)、缺损等质量缺陷,是

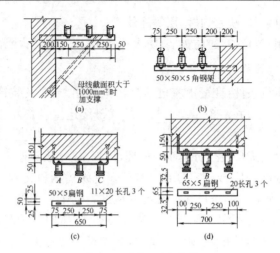

**图 5-33　绝缘子支架安装**

(a)低压绝缘子支架水平安装图;(b)高压绝缘子支架水平安装图;

(c)低压绝缘子支架垂直安装图;(d)高压绝缘子支架垂直安装图

否符合母线和支架的型号规格要求。

### 五、穿墙套管和穿墙板安装

穿墙套管和穿墙板是高低压引入(出)室内或导电部分穿越建筑物时的引导元件。高压母线或导线穿墙时,一般采用穿墙套管;低压母线穿墙时,一般采用母线穿墙板。

1. 10kV 穿墙套管的安装

穿墙套管按安装场所分为室内型和室外型;按结构分为铜导线穿墙套管和铝排穿墙套管。

其安装方法:土建施工时,在墙上留一长方形孔,在长方形孔上预埋一个角铁框,以固定金属隔板,套管则固定在金属隔板上,如图 5-34 所示。或者在土建施工时预埋套管螺栓和预留 3 个穿套管用的圆孔,将套管直接固定在墙上(通常在建筑物内的上下穿越时使用)。

2. 低压母线穿墙板的安装

穿墙板的安装与穿墙套管相类似,只是穿墙板无需套管,并将角铁框上的金属隔板换成上、下两部分的绝缘隔板,其安装如图 5-35 所示。

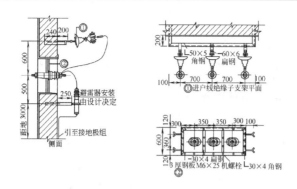

图 5-34　穿墙套管安装图

穿墙板一般装设在土建隔墙的中心线处,或装设在墙面的某一侧。

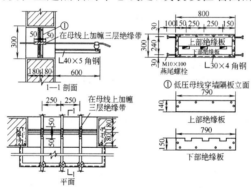

图 5-35　低压母线穿墙板安装图

### 3. 安装要求

(1)同一水平线垂直面上的穿墙套管应位于同一平面上,其中心线的位置应符合设计要求。

(2)穿墙套管垂直安装时,法兰盘应装设在上面;水平安装时,法兰盘应装设在外面,安装时不能将套管法兰盘埋入建筑物的构件内。

(3)穿墙套管安装板孔的直径应大于套管嵌入部分 5mm。

(4)穿墙套管的法兰盘等不带电的金属构件均应做接地处理。

(5)套管在安装前,最好先经工频耐压试验合格,也可用 1000V 或 2500V 的摇表测定其绝缘电阻(应大于 1000MΩ),以免安装后试验不合格。

4. 熔丝的规格

应符合设计要求,并无弯折、压扁或损伤,熔体与熔丝应压接紧密。

### 六、架空配电线路安装

1. 回填土

(1)凡埋入地下的金属件(镀锌件除外),在回填土前均应做防腐处理,防腐必须符合设计要求。

(2)严禁采用冻土块及含有有机物的杂土。

(3)回填时应将结块干土打碎后方可回填,回填应选用干土。

(4)回填土时每步(层)回填 500mm 土,经夯实后再回填下一步(上一层),松软土应增加夯实遍数,以确保回填土的密实度。

(5)回填土夯实后应留有高出地坪 300mm 的防沉土台,在沥青路面或砌有水泥花砖的路面不留防沉土台。

(6)在地下水位高的地域,如埋设的电杆易被水流冲刷,应在电杆周围埋设立桩并以石块砌成水围子。

2. 横担组装

(1)横担组装前,用支架垫起杆身的上部,用尺量出横担安装位置,按装配工序套上抱箍,穿好垫铁及横担,垫好平光垫圈、弹簧垫圈,用螺母紧固。紧固时,要控制找平、找正,然后安装连接板、杆顶支座抱箍、拉线等。

(2)横担组装应符合下列要求。

1)同杆架设的双回路或多回路线路,横担间的垂直距离应符合表 5-8 所列数值。

表 5-8　　　　　同杆架设线路横担间的最小垂直距离　　　　　(单位:mm)

| 架 设 方 式 | 直 线 杆 | 分支或转角杆 |
|---|---|---|
| 10kV 与 10kV | ≥800 | ≥500 |
| 10kV 与 1kV 以下 | ≥1200 | ≥1000 |
| 1kV 以下与 1kV 以下 | ≥600 | ≥300 |

2）1kV 以下线路的导线排列方式可采用水平排列；电杆最大档距不大于 50m 时，导线间的水平距离为 400mm，但靠近电杆的两导线间的水平距离不应小于 500mm。10kV 及以下线路的导线排列方式及线间距离应符合设计要求。

3）横担的安装：当线路为多层排列时，自上而下的顺序为高压、动力、照明、路灯；当线路为水平排列时，上层横担距杆顶不宜小于200mm；直线杆的单横担应装于受电侧，转角杆及终端杆应装于拉线侧。

4）螺栓的穿入方向：水平顺线路方向，由送电侧穿入；垂直方向，由下向上穿入，开口销钉应从上向下穿。

5）使用螺栓紧固时，均应装设垫圈、弹簧垫圈，且每端的垫圈不应多于 2 个。螺母紧固后，螺杆外露不应少于 2 扣，但最长不应大于30mm，双螺母可平扣。

6）用水泥砂浆将杆顶严密封堵。

7）安装针式绝缘子，并清除表面灰垢、附着物及不应有的涂料。

3. 拉线安装

拉线盘的埋设深度和方向盘，应符合设计要求。拉线棒与拉线盘应垂直，连接处应采用双螺母，其外露地面部分的长度应为 500～700mm。拉线坑应有斜坡，并宜设立防沉层，回填土时应将土打碎后夯实。安装时应符合下列规定。

（1）安装后对地坪面夹角与设计值的允许偏差，应符合相关规范要求。

（2）承力拉线应与线路方向的中心线对正；分角拉线应与线路分角线方向对正；防风拉线应与线路方向垂直。

（3）跨越道路的拉线，应满足设计要求，且到通车路面边缘的垂直距离不应小于 5m。

（4）当采用 UT 形线夹及楔形线夹固定时，应符合下列规定。

1）安装前丝扣上应涂润滑剂。

2）线夹舌板与拉线接触应紧密，受力后无滑动现象，线夹凸肚在尾线侧，安装时不应损伤线股。

3)拉线弯曲部分不应有明显松股,拉线断头处与拉线主线应固定可靠,线夹处露出尾线长度为300~500mm,尾线回头后与本线应扎牢。

4)当同一组拉线使用双线夹并采用连板时,其尾线端部方向应统一。

5)UT形线夹或花篮螺栓的螺杆应露扣,并应有不小于1/2螺杆丝扣长度可供调紧,调整后,UT形线夹的双螺母应并紧,花篮螺栓应封固。

(5)当采用绑扎固定安装时,应符合下列规定。

1)拉线两端应设置心形环。

2)钢绞线拉线,应采用直径不大于3.2mm的镀锌钢线绑扎固定,绑扎应整齐、紧密。

### 4. 杆上电气设备安装

杆上电气设备的安装,应符合下列规定。

(1)安装应牢固可靠,固定电气设备的支架、紧固件为热浸锌制品,紧固件及防松零件齐全。

(2)电气连接应接触紧密,不同金属连接,应有过渡措施。

(3)瓷件表面光洁,无裂纹、破损等现象。

### 5. 接户线安装

电力接户线的安装,其各部位的安装距离应满足设计要求并符合下列规定。

(1)档距内不应有接头。

(2)两端应设绝缘子固定,绝缘子安装应防止瓷裙积水。

(3)采用绝缘线时,外露部位应进行绝缘处理。

(4)两端遇有铜铝连接时,应设有过渡措施。

(5)进户端支持物应牢固。

(6)在最大摆动时,不应有接触树木和其他建筑物现象。

(7)1kV及以下的接户线不应从高压引线间穿过,不应跨越铁路。由两个不同电源引入的接户线不宜同杆架设。

### 6. 线路调试运行及验收

(1)架空配电线路测试。

1)绝缘子的绝缘电阻值测试记录:1kV 以上为 300MΩ,35kV 以上不小于 500MΩ。

2)线路的绝缘电阻测试记录。

3)相位检查记录:各相两侧的相位应一致。

4)冲击合闸试验记录:冲击合闸前,35kV 以上线路应事先进行递升加压试验。

5)测量杆塔接地电阻值测试记录。

(2)变压器试运行前检查。

1)变压器试运行前应做全面检查,确认符合试运行条件时方可投入运行。

2)变压器试运行前,必须由质量监督部门检查合格。

3)安装时必须将干燥器盖子处的橡皮垫取掉,使其畅通,并在盖子中装适量的变压器油,起滤尘作用。

4)干燥器与储气柜间管路的连接应密封良好,管道应通畅。

5)干燥器油封油位应在油面线上,但隔膜式储油柜变压器应按产品要求处理(或不到油封或少放油,以便胶囊易于伸缩呼吸)。

(3)架空配电线路试运行前检查。

1)电杆组立的各项误差应符合规定。

2)拉线的制作和安装应符合规定。

3)导线的弧垂、相间距离、对地距离及交叉跨越距离应符合规定。

4)电气设备外观应完整无缺损。

5)相位正确,接地良好。

6)沿线的障碍物、树及树枝等杂物应清除完毕。

7)导线固定、绝缘子固定等所有设备安装应牢靠,符合规范和设计要求。

### 七、电缆桥架安装

1. 弹线定位

根据施工图纸确定桥架的安装位置和标高,以土建结构轴线为基准,确定每一直线段的始端和终端吊架或预埋铁件的准确位置,在两点间拉直线,然后根据相关施工规范的规定,分别在直线上确定每个吊架或预埋铁件的具体位置。

2. 预留孔洞

根据施工图标注的轴线部位,将预制加工好的木质或铁制框架,固定在标出的位置上,并进行调直找正。浇筑混凝土时,应设专人看护,防止移位或变形,待现浇混凝土凝固、模板拆除后,拆下框架,并抹平孔洞。

3. 预埋铁件

预埋铁件的加工尺寸不应小于 120mm×60mm×6mm;其锚固圆钢的直径不应小于8mm。将预埋铁件的平面放在钢筋网片下面,紧贴模板,采用绑扎或焊接的方法将锚固圆钢固定在钢筋网上。模板拆除后,及时清理使预埋铁件平面明露。

4. 金属膨胀螺栓安装

金属膨胀螺栓安装适用于 C10 以上混凝土构件及实心砖墙,不适用于空心砖墙。

(1)首先沿着墙壁或顶板根据设计图进行弹线定位,标出固定点的位置。

(2)根据支架或吊架承受的荷载,选择相应的金属膨胀螺栓及钻头,所选钻头长度应大于套管长度。

(3)钻孔深度应以将套管全部埋入墙内或顶板内后,表面平齐为宜。

(4)应先将孔洞内的碎屑清除干净,然后将膨胀螺栓敲进洞内,保证套管与建筑物表面平齐,螺栓端部外露,敲击时不得损伤螺栓的螺纹。

(5)埋好螺栓后,用螺母配上相应的垫圈将支架或吊架直接固定在金属膨胀螺栓上。

5. 支架与吊架安装

(1)钢支架与吊架应焊接牢固,无显著变形,焊缝均匀平整,焊缝长度应符合要求,不得出现裂纹、咬边、气孔、凹陷、漏焊等缺陷。

(2)支架与吊架应安装牢固,保证横平竖直,在有坡度的建筑物上安装支架与吊架时,应与建筑物有相同坡度。

6.桥架安装

（1）直线段电缆桥架安装时，桥架应用专用的连接板进行连接，在电缆桥架外侧用螺母进行固定，连接处缝隙应平齐，并加平垫、弹簧垫。

（2）电缆桥架在十字交叉、丁字交叉处，应采用水平四通、水平三通、垂直四通、垂直三通进行连接，并在连接处两端增加吊架或支架进行加固处理。

（3）电缆桥架在转弯处，应采用相应弯通进行连接，并增加吊架或支架进行加固处理。

（4）建筑物的表面有坡度时，桥架应随其变化坡度敷设。在倾斜调节时可采用倾斜底座进行调节，或采用调角片进行调节。

（5）电缆桥架与箱、柜或设备进行接口时，应采用抱脚方式进行连接，连接处应平齐，缝隙均匀严密。严禁将桥架直接插入设备内。

（6）电缆桥架过变形缝时，应做补偿处理。

（7）电缆桥架整体与吊（支）架的垂直度、水平度，应调整到符合规范要求，电缆桥架上下各层都对齐后，将桥架与吊（支）架固定牢固。

（8）电缆桥架穿过防火分区时，应用防火材料密实封堵，见图5-36。

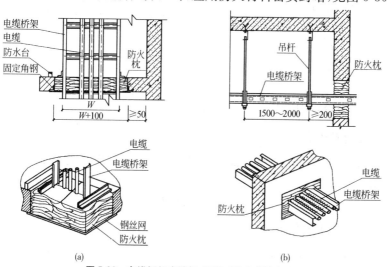

**图5-36　电缆桥架穿楼板、穿墙时防火封堵方法**

（a）电缆桥架穿楼板时防火封堵方法；（b）电缆桥架穿墙时防火封堵方法

7. 接地线安装

(1)在吊架、支架的下部,用扁钢或圆钢将吊架、支架焊接成一体,并与接地干线相连接。

(2)镀锌电缆桥架的相互连接处,用专用的金属连接板连接;非镀锌电缆桥架的相互连接处,连接部位打磨后用截面积不小于 $6mm^2$ 的铜编织带可靠连接。

(3)电缆桥架全长与接地干线连接不应少于两处,具体位置视设计图纸及实际情况确定。

8. 检查验收

(1)电缆桥架规格、安装位置应符合规定。

(2)电缆桥架接地良好,接地电阻符合设计要求。

(3)支、吊架固定牢固可靠。

(4)电缆桥架与管道的最小净距,应符合表 5-9 的要求。

表 5-9　　　　　　　　　　电缆桥架与管道的最小净距　　　　　　　　(单位:m)

| 管道类别 | | 平行净距 | 交叉净距 |
|---|---|---|---|
| 一般工艺管道 | | 0.4 | 0.3 |
| 易燃易爆气体管道 | | 0.5 | 0.5 |
| 热力管道 | 有保温层 | 0.5 | 0.3 |
| | 无保温层 | 1.0 | 0.5 |

## 八、电缆支架安装

1. 材料检查

(1)检查槽钢、角钢或扁钢等型材是否具有出厂合格证和材质证明。

(2)检查型材的尺寸是否满足设计要求。

2. 电缆支架加工

(1)电缆支架的加工应符合下列要求。

1)钢材应平直,无明显扭曲。下料误差应在 5mm 范围内,切口应无卷边、毛刺。

2)支架应焊接牢固,无显著变形。各托臂间的垂直净距与设计偏差不应大于 5mm。

3)金属电缆支架必须进行防腐处理。位于湿热、盐雾以及有化学腐蚀地区时,应根据设计要求做特殊的防腐处理。

(2)电缆支架可由生产厂家制作或现场加工,考虑到施工现场加工设备的数量、制作精度和生产效率,对于批量生产的电缆支架宜采用生产厂家制作的方式。

(3)电缆支架的层间允许最小距离,当设计无要求时,可采用表5-10的规定。但层间净距不应小于 2 倍电缆外径加 10mm,35kV 及以上高压电缆不应小于 2 倍电缆外径加 50mm。

表 5-10　　　　　　　　电缆支架的层间允许最小距离　　　　　　　(单位:mm)

| | 电缆类型和敷设特征 | 支(吊)架 | 桥架 |
|---|---|---|---|
| | 控制电缆 | 120 | 200 |
| 电力电缆 | 10kV 及以下(除 6～10kV 交联聚乙烯绝缘外) | 150～200 | 250 |
| | 6～10kV 交联聚乙烯绝缘 | 200～250 | 300 |
| | 35kV 单芯 | — | — |
| | 35kV 三芯 | 300 | 350 |
| | 110kV 及以上,每层 1 根 | 250 | 300 |
| | 电缆敷设在盒槽内 | $h+80$ | $h+100$ |

注:$h$ 表示盒槽外壳高度。

### 3. 电缆支架安装

在变配电室电缆夹层和电缆沟施工中,电缆支架的安装主要有如图 5-37 所示的 4 种类型,其中图 5-37(d)所示支架用于承重较重、电缆数量较多的场所,电缆支架的上下底板与立柱为散件到货,需在安装过程中进行焊接。以图 5-37(d)所示支架为例说明。

(1)测量定位。

1)根据设计图纸,测量出电缆支架边缘距轴线、中心线、墙边的尺寸,在同一直线段的两端分别取一点。

2)用墨斗在电缆夹层顶板上弹出一条直线,作为支架距轴中心或墙边的边缘线。

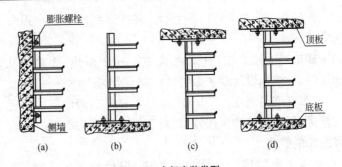

**图 5-37 支架安装类型**

(a)附墙式;(b)下固定式;(c)上固定式;(d)上下固定式

3)以顶板的墨线为基准线,用线坠定出立柱在地板的相应位置,用墨斗在地面弹一直线。

4)按照设计图纸的要求在直线上标出底板的位置。

(2)底板安装。

1)按标注的位置,将底板紧贴住夹层地面或夹层顶板,根据底板上的孔位,用记号笔在地面和夹层顶板做出标记(对于结构有预埋铁件时,将上下底板直接焊接到预埋铁件上)。

2)取下底板,在记号位置用电锤将孔打好。

3)将膨胀螺栓敲入眼孔,装好底板,紧固膨胀螺栓将底板固定牢固。

(3)立柱焊接、防腐。

1)测量夹层上下底板之间的准确距离,根据此距离切割出相应长度的立柱槽钢长度。槽钢长度比上下底板之间的距离小 2~3mm。

2)采用可拆卸托臂时,切割槽钢时必须保证槽钢各托臂安装位置在同一高度。

3)将直线段两端的槽钢立柱放在电缆支架的上下底板之间,确认立柱位置无误后,采用电焊将立柱与下部底板点焊固定。

4)用水平尺检验槽钢立柱的垂直度,确认无误后,将槽钢立柱与上下底板焊接牢固。

5)用两根线绳在两根立柱之间绷紧两条直线,顶部与下部各一条。

6)以此直线为依据安装其他立柱,使所有立柱成为直线。

7)除去焊接部位的焊渣,用防锈漆和银粉进行防腐处理。

(4)对于图5-37(a)所示支架,采用膨胀螺栓直接固定。

(5)在有坡度的电缆沟内或建筑物上安装的电缆支架,应有与电缆沟或建筑物相同的坡度。

(6)电缆支架应安装牢固,横平竖直;各支架的同层横档应在同一水平面上,其高度偏差不应大于5mm。

(7)电缆支架最上层至沟顶、楼板或最下层至沟底、地面的距离,当设计无规定时,不宜小于表5-11中的数值。

表5-11　　　电缆支架最上层至沟顶、楼板或最下层至沟底、地面的距离　（单位:mm）

| 敷 设 方 式 | 电缆隧道及夹层 | 电缆沟 | 吊架 | 桥架 |
|---|---|---|---|---|
| 最上层至沟顶或楼板 | 300～350 | 150～200 | 150～200 | 350～450 |
| 最下层至沟底或地面 | 100～150 | 50～100 | — | 100～150 |

4.接地线安装

(1)在金属电缆支架的立柱内或外侧,敷设接地扁钢或圆钢做接地线。

(2)接地线与立柱连接采用焊接方式,电缆支架及其接地线焊接部位必须进行防腐处理。

(3)电缆支架的接地线与接地干线可靠连接。

5.检查和验收

(1)根据电缆支架线路平面布置图,检查电缆支架最上层至沟顶、楼板或最下层至沟底、地面的距离;检查电缆支架的托臂间距,托臂和立柱的水平度和垂直度。

(2)电缆支架接地良好。

(3)对焊接部位进行检查,焊接及防腐应符合要求。

# 第三节　室内配管穿线

## 一、钢管敷设

### 1.钢管敷设工艺流程

(1)暗管敷设工艺流程见图5-38。

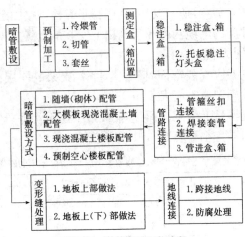

图 5-38　暗管敷设工艺流程

(2)明管及吊顶内、护墙板内管路敷设工艺流程见图 5-39。

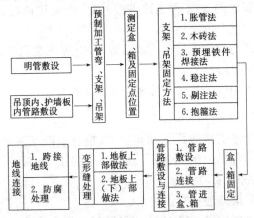

图 5-39　明管及吊顶内、护墙板内管路敷设工艺流程

### 2. 钢管敷设施工工艺

(1)暗管敷设。

1)基本要求。

①敷设于多尘和潮湿场所的电线管路及其管口、管子连接处均做密封处理;

②暗配的电线管路宜沿最近路线敷设并应减少弯曲;埋入墙或混

凝土内的管,距砌体表面的净距不应小于 15mm;

③进入落地式配电箱的管路,排列应整齐,管口应高出基础面50~80mm;

④埋入地下的电线管路不宜穿过设备基础,在穿过建筑物基础时,应加保护管。

2)预制加工:根据设计图,加工好各种盒、箱、弯管,钢管煨弯可采用冷煨法。

①冷煨法:一般管径为 20mm 及以下时,用手扳煨管器。先将管子插入煨管器,逐步煨出所需弯度。管径为 25mm 及以上时,使用液压煨管器,先将管子放入模具,扳动煨管器,煨出所需弯度。

②切管:管子切断常用钢锯、无齿锯、砂轮锯,将需要切断的管子长度量准确,放在钳口内卡牢切割,断口处应平齐不歪斜,管口刮锉光滑,无毛刺,清除管内铁屑。

③套丝:采用套丝扳、套管机,根据管外径选择相应板牙,将管子用台虎钳或龙门压架钳紧牢,再把绞板套在管端,均匀用力,不得过猛,随套随浇冷却液,套丝不乱、不过长,清除渣屑,丝扣干净清晰。管径在 20mm 及以下时,应分两板套成;管径在 25mm 及以上时,应分三板套成。

3)测定盒、箱位置:根据设计图确定盒、箱轴线位置,以土建弹出的水平线为基准,挂线找平,线坠找正,标出盒、箱实际尺寸位置。

4)稳注盒、箱。

①稳注盒、箱:稳注盒、箱要求灰浆饱满,平整牢固,坐标正确,现浇混凝土板(墙)中盒、箱需加支铁固定,盒、箱底距外墙面小于 30mm 时,需加金属网固定后再抹灰,防止空裂;

②稳注灯头盒:预制圆孔板(或其他顶板)开灯位洞时,测出位置后用錾子由下往上剔,洞口大小比灯头盒外口略大 10~20mm,灯头盒焊好卡铁,用豆石混凝土稳注好,用托板托牢,待凝固后,即可拆除托板。

现浇混凝土楼板,将盒子堵好随底板钢筋固定牢,管路配好后,随土建浇筑混凝土施工同时完成。

5)管路连接。

①连接方法。

a. 管箍丝扣连接。套丝不得有乱扣,必须使用通丝管箍。上好管箍后,管口应对严,外露丝不多于 2 扣;

b. 套管连接宜用于暗配管,套管长度为连接管径的 2.2 倍;连接管口的对口处应在套管的中心,焊口应焊接牢固严密。

②管与管的连接。

a. 镀锌和壁厚小于等于 2mm 的钢导管,必须用螺纹连接、紧固连接、卡套连接等,不得用套管熔焊连接,严禁用对口熔焊连接。管口锉光滑平整,接头应牢固紧密;

b. 管路超过下列长度,应加装接线盒,其位置应便于穿线。无弯时,30m;有一个弯时,20m;有两个弯时,15m;有三个弯时,8m;

c. 电管路与其他管道间最小距离见表 5-12。

| 表 5-12 | | 室内配线与管道间最小距离 | | (单位:mm) |
|---|---|---|---|---|
| 管 道 种 类 | 配线方式 | 穿管配线 | 绝缘导线明配线 | 裸导线配线 |
| 蒸汽管 | 平行 | 1000/500 | 1000/500 | 1500 |
| | 交叉 | 300 | 300 | 1500 |
| 暖气、热水管 | 平行 | 300/200 | 300/200 | 1500 |
| | 交叉 | 100 | 100 | 1500 |
| 通风、上下水、压缩空气管 | 平行 | 100 | 200 | 1500 |
| | 交叉 | 50 | 100 | 1500 |

注:表中分子数字为电气管线敷设在管道上面的距离,分母数字为电气管线敷设在管道下面的距离。

③管进盒、箱要求。

a. 盒、箱开孔应整齐并与管径相吻合,一管一孔,不得开长孔。金属盒、箱严禁用电、气焊开孔,并应刷防锈漆。如用定型盒、箱,其敲落孔大而管径小时,可用铁皮垫圈垫严或用砂浆加石膏补平齐,不得露洞;

b. 管入盒、箱,暗配管可用跨接地线焊接固定在盒棱边或专用接地爪上,管口不宜与敲落孔焊接,管口露出盒、箱应小于 5mm。有锁紧螺母者,露出锁紧螺母的丝扣为 2 扣或 3 扣。两根以上管入盒、箱要长短一致,间距均匀,排列整齐。

6)暗管敷设方式。

①随墙(砌体)配管:砖墙、加气混凝土墙、空心砖墙配合砌墙立管时,管最好置于墙中心,管口向上者要堵好。为使盒子平整,标高准确,可将管先立至距盒 200mm 左右处,然后将盒子稳好,再接短管。短管入盒、箱端可不套丝,可用跨接线焊接固定,管口与盒、箱里口平。向上引管有吊顶时,管上端应煨成 90°弯直进吊顶内。由顶板向下引管不宜过长,待砌隔墙时,先稳盒后接短管。

②模板混凝土墙配管:可将盒、箱固定在该墙的钢筋上,接着敷管。每隔 1m 左右,用铅丝绑扎牢。管进盒、箱要煨灯叉弯。向上引管不宜过长,以能煨弯为准。管入开关、插座等小盒,可不套丝,但应做好跨接线。

③现浇混凝土楼板配管:测好灯位,根据房间四周墙的厚度,弹出十字线,将堵好的盒子固定牢,然后敷管。有两个以上盒子时,要拉直线。管进盒长度要适宜,管路每隔 1m 左右用铅丝绑扎牢,如有吊扇、花灯或超过 3kg 的灯具应焊好吊钩。

④素混凝土内配管可用混凝土、砂浆保护,也可缠两层玻璃布,刷三道沥青油加以保护。在管路下先用石块垫起 50mm,尽量减少接头,管箍丝扣连接处抹铅油、缠麻拧牢。

7)变形缝处理:钢导管在变形缝处应做补偿装置。

①墙间缝做法:变形缝两侧墙上各预埋一个接线盒,先把管的一侧固定在接线盒上,别一侧接线盒底部的垂直方向开长孔,其宽度尺寸不小于被接入管直径的 2 倍。两侧连接好补偿跨接地线如图 5-40、图 5-41 所示。

②普通接线箱在地板上(下)部做法一:箱体底口距离地面应不小于 300mm,管路弯曲 90°后,管进箱应加内外锁紧螺母;在板下部时,接线箱距顶板距离应不小于 150mm,如图 5-42 所示。

③普通接线箱在地板上(下)部做法二:基本做法同一,但采用的是直筒式接线箱,如图 5-43 所示。

8)地线连接:管路应做整体接地连接,穿过建筑物变形缝时,应有接地补偿装置,采用跨接方法连接。

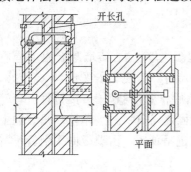

图 5-40 开长孔(双盒)做法

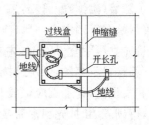

图 5-41 钢管沿墙过伸缩缝(单盒)做法

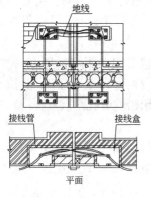

图 5-42 地上(下)做法(一)

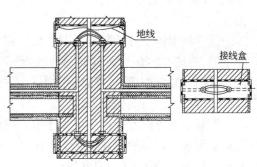

图 5-43 地上(下)做法(二)

①焊接:跨接地线两端双面焊接,焊接面不得小于该跨接线截面的 6 倍,焊缝均匀牢固,焊接处要清除药皮,刷防腐漆。跨接线的规格见表 5-13。

表 5-13                               跨接线规格                        (单位:mm)

| 管　　径 | 圆　　钢 | 扁　　钢 |
|---|---|---|
| 15～25 | $\phi5$ | — |
| 32～38 | $\phi6$ | — |
| 50～63 | $\phi10$ | 25×3 |
| ≥70 | $\phi8×2$ | (25×3)×2 |

②卡接:镀锌钢管或可挠金属电线保护管,应用专用接地线卡连接,不得采用熔焊连接地线。

(2)明管敷设。

1)基本要求:根据设计图加工支架、吊架、抱箍等铁件以及各种盒、箱、弯管。明管敷设工艺与暗管敷设工艺相同处请见相关部分。在多粉尘、易爆等场所敷管,应按设计和有关防爆规程施工。

2)管弯、支架、吊架预制加工:明配管弯曲半径一般不小于管外径的6倍,如有一个弯时,可不小于管外径的4倍。加工方法可采用冷煨法和热煨法,支架、吊架应按设计图要求进行加工。支架、吊架的规格设计无规定时,应不小于以下规定:扁铁支架30mm×3mm;角钢支架25mm×25mm×3mm;埋注支架应有燕尾,埋注深度应不小于120mm。

3)测定盒、箱及固定点位置。

①根据设计图首先测出盒、箱与出线口等的准确位置。测量时最好使用自制尺杆。

②根据测定的盒、箱位置,把管路的垂直、水平走向弹出线,按照安装标准规定的固定点间距尺寸要求,计算确定支架、吊架的具体位置。

③固定点的距离应均匀,管卡与终端、转弯中点、电气器具或接线盒边缘的距离为150～500mm;中间的管卡最大距离见表5-14。

表5-14　　　　　　　　钢管中间管卡最大距离　　　　　　(单位:mm)

| 钢　　管 | 钢 管 直 径 | | | | |
|---|---|---|---|---|---|
| | 15～20 | 25～32 | 32～40 | 50～65 | 65 以上 |
| 壁厚>2mm 钢管 | 1500 | 2000 | 2500 | 2500 | 3500 |
| 壁厚≤2mm 钢管 | 1000 | 1500 | 2000 | 2000 | — |

4)固定方法:有胀管法、木砖法、预埋铁件焊接法、稳注法、剔注法、抱箍法。

5)盒、箱固定:由地面引出管路至盘、箱,需在盘、箱下侧100～150mm处加稳固支架,将管固定在支架上。盒、箱安装应牢固平整,开孔整齐,与管径吻合,一管一孔。铁制盒、箱严禁用电、气焊开孔。

6)管路敷设与连接。

①敷设。

a. 管路应畅通、顺直、内侧无毛刺,镀锌层或防锈漆完整无损;

b. 敷管时,先将管卡一端的螺丝拧进一半,然后将管敷设在内,逐个拧牢。使用支架时,可将钢管固定在支架上,不应将钢管焊接在其他管道上;

c. 水平或垂直敷设明配管允许偏差值,管路在 2m 以内时,偏差为 3mm,全长不应超过管子内径的 1/2。

②连接:管路应采用丝扣连接或专用连接头连接。

7)钢管与设备连接。

应将钢管敷设到设备内,如不能直接采用此做法时,应符合下列要求。

①干燥室内,可在钢管出口处加一接线盒,过渡为柔性保护软管引入设备。

②室外或潮湿房间内,可在管口处装设防水弯头,由防水弯头引出的导线应加柔性保护软管,经防水管引入设备。

③管口距地面高度不宜低于 200mm。

8)柔性金属软管引入设备时,应符合下列要求。

①刚性导管经柔性导管与电气设备、器具连接,柔性导管的长度在动力工程中不大于 0.8m,照明工程中不大于 1.2m。

②金属软管用管卡固定,其固定间距不应大于 1m。

③金属柔性导管不能做接地或接零的接续导体。

9)变形缝处理:地线连接及处理办法符合要求。明配管跨接线,应美观牢固,管路敷设应保证畅通,刷好防锈漆、调和漆或其他装饰材料。

(3)吊顶内、护墙板内管路敷设。材质、固定方式,参照明配管工艺,敷设等参照暗敷工艺要求,接线盒可使用暗盒。

1)会审图纸要和建筑给水排水及采暖、通风与空调等专业协调,应绘制翻样图,经审核无误后,在顶板或地面进行弹线定位。如吊顶是有格、块等线条的,灯位按格、块均分,做法如图 5-44 所示。护墙板内配管应按设计要求,测定盒、箱位置,弹线定位。

2)灯位测定后,用不少于 2 个螺丝把灯头盒固定牢。如有防火要求,可用防火布或其他防火措施处理。无用的敲落孔不应脱落。已脱落的要补好。

3) 管路应敷设在主龙骨的上边,管入盒、箱煨灯叉弯,里外带锁紧螺母,里面锁母上紧后,露丝 2~4 扣,加内护口。

4) 固定管路时,如为木龙骨可采用配套管卡和螺丝固定,或用拉铆钉固定。直径 25mm 以上和成排管路应单独设架。

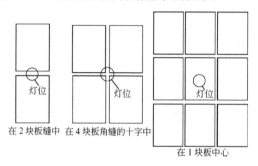

**图 5-44　灯位**

5) 超过 3kg 的电器具和灯具,应在结构施工时预埋吊钩。吊钩直径不应小于器具挂销直径,且不应小于 6mm,吊扇不应小于 8mm,吊钩做好防腐处理,大型花灯的固定及悬吊装置应按器具重量的 2 倍做过载试验。

6) 管路敷设应牢固通顺,禁止做拦腰管或绊脚管。受力灯头盒应用吊杆固定,在终端、弯头中点或柜台、箱、盘等边缘的 150~500mm 范围内设固定卡固定。

7) 吊顶内灯头盒至灯位可采用柔性金属导管,长度不应超过 1.2m,两端应使用专用接头。

3. 质量验收要点

(1) 金属导管严禁采用对口熔焊连接;镀锌和壁厚小于 2mm 的钢导管不得采用套管熔焊连接。

(2) 镀锌钢管、可挠性导管不得熔焊跨接地线。以专用接地卡跨接时,两卡间连线为铜芯软线,截面积不小于 4mm²。

(3) 套镀锌钢管采用螺纹连接时,连接处两端焊接跨接地线;镀锌导管采用螺纹连接处两端用专用接地卡固定跨接地线。

(4) 套接扣压式(KBG)和紧定式(JDG)薄壁式金属管接口处应涂

动力复合脂,可不做跨接线。

检验方法:观察和检查隐蔽工程记录。

(5)连接紧密,管口光滑,护口齐全,明配管及其支架、吊架应牢固、排列整齐,管子弯曲处无明显折皱,油漆防腐完整,暗配管保护层大于15mm。

(6)盒、箱设置正确,固定可靠,管子进入盒、箱处顺直,在盒、箱内露出的长度小于5mm;用锁紧螺母固定的管口,管子露出锁紧螺母的螺纹宜为2扣或3扣。线路进入电气设备和器具的管口位置正确。

(7)管路的保护应符合以下规定:穿过变形缝处有补偿装置,能活动自如;穿过建筑物和设备基础处加保护管。保护套管在隐蔽工程记录中标示正确。

(8)金属电线保护管、盒、箱及支架接地(接零),地线敷设应符合以下规定:连接紧密牢固,接地(接零)线截面选用正确,需防腐的部分涂漆均匀无遗漏,线路走向合理,色标准确,涂刷后不污染设备和建筑物。

(9)金属导管的内外壁应做防腐处理;埋设于混凝土内的金属管,内壁应做防腐处理,外壁可以不做。

(10)室内进入落地式柜、台、箱、盘内的管口,应高出基础面50~80mm。

(11)室外埋设的电缆导管,埋深不应小于0.7m。壁厚小于2mm的金属导管不应埋设于室外土壤内。

(12)套接紧定式薄壁式金属管(JDG)连接处紧定螺丝应用专用工具将螺帽拧断;套接扣压式薄壁式金属管(KBG)管径在 $\phi$25mm 及以下时,扣压点不应小于2点,管径在 $\phi$32mm 及以上时,扣压点不应少于3点,扣压点位置对称,间距均匀,深度不应少于1.0mm。

检验方法:观察、尺量、检查隐蔽工程记录。

## 二、塑料管敷设

1.硬质阻燃型绝缘导管明敷设工程

(1)工艺流程如下。

(2)操作工艺如下。

1)按照设计图加工好支架、抱箍、吊架、铁件、管弯及各种盒、箱。预制管弯可采用冷煨法和热煨法。

①冷煨法:管径在25mm及以下可用冷煨法。

a.使用手扳弯管器煨弯,将管子插入配套的弯管器内,一次煨出所需的弯度;

b.将弯簧插入管内需煨弯处,两手抓住弯簧两端头,膝盖顶在被弯处,手扳逐渐煨出所需弯度,然后抽出弯簧。当弯曲较长管时,可将弯簧用铁丝或尼龙线拴牢一端,煨弯后抽出。

②热煨法:用电炉子、热风机等加热均匀,烘烤管子煨弯处,待管被加热到可随意弯曲时,立即将管子放在木板上,固定管子一头,逐步煨出所需弯度,并用湿布抹擦使弯曲部位冷却定型,不得因加热煨弯使管出现烤伤、变色、破裂等现象。

2)测定盒、箱及管路固定点位置。

①按照设计图测出盒、箱出线口等的准确位置。测量时,应使用自制尺杆,弹线定位。

②根据测定的盒、箱位置,把管路的垂直、水平线弹出,按照要求标出支架、吊架固定点具体尺寸位置。

3)管路固定方法。

①胀管法:先在墙上打孔,将胀管插入孔内,再用螺母(栓)将管卡固定。

②木砖法:用木螺丝直接将管卡固定在预埋的木砖上。

③预埋铁件焊接法:随土建施工,按测定位置预埋铁件,拆模后,将支架、吊架焊在预埋铁件上。

④稳注法:随土建砌砖墙,将支架固定好。

⑤剔注法:按测定位置,剔出孔洞,用水把洞内浇湿,再将拌好的高强度等级水泥砂浆填入洞内;填满后,将支架、吊架或螺栓插入洞内,校正埋入深度和平直度,无误后,将洞口抹平。

⑥抱箍法:按测定位置,遇到梁柱时,用抱箍将支架、吊架固定好。

无论采用以上何种固定方法,均应先固定两端支架、吊架,然后再拉直线固定中间的支架、吊架。

4)管路敷设。

①断管:小管径可使用剪管器,大管径使用钢锯锯断,断开后将管口锉平齐。

②敷管时,先将管卡一端的螺母(栓)拧紧一半,将管敷设于管卡内,然后逐个拧紧。

③支架、吊架位置正确,间距均匀,管卡应平正牢固;埋入支架应有燕尾,埋入深度不小于120mm;用螺栓穿墙固定时,背后要加垫圈。

④管路水平敷设时,高度应不低于2000mm;垂直敷设时,不低于1500mm;1500mm以下应加金属保护管。

⑤管路敷设时,管路长度超过下列情况时,应加接线盒。

a. 无弯时,30m;b. 一个弯时,20m;c. 两个弯时,15m;d. 三个弯时,8m。

如无法加接线盒时,应将管径加大一级。

⑥支架、吊架及敷设在墙上的管卡固定点与盒、箱边缘的距离为150~500mm,中间直线段管卡间的最大距离见表5-15。

表5-15　　　　　　　　　　管路中间固定点间距　　　　　　　　　(单位:mm)

| 管　径 | 15~20 | 25~32 | 32~40 | 50 以上 |
|---|---|---|---|---|
| 间　距 | 1000 | 1500 | 1500 | 2000 |

⑦配线导管与其他管道间最小距离见表5-12。如达不到表中距离要求时,应采取下列措施。

a. 蒸汽管:外包隔热层后,管道周围温度应在35℃以下,上下平行净距可减至200mm,交叉距离需考虑便于维修;

b. 暖、热水管:外包隔热层。

⑧直管每隔30m应加装补偿装置,补偿装置接头的大头与直管套入并粘牢,另一端与直管之间可自由滑动。

⑨地面或楼板易受机械损伤的一段,应采取保护措施。

5)管路入箱、盒用专用端接头连接,要求平正牢固。向上立管管道采用端帽护口,防止异物堵塞管路。

6)变形缝处穿墙过管,保护管应能承受外力冲击。

2.硬质和半硬质阻燃型绝缘导管暗敷设工程

(1)工艺流程如下。

弹线定位 → 箱、盒固定 → 管路敷设 → 扫管穿带线

(2)操作工艺如下。

1)弹线定位。

①墙上盒、箱弹线定位:砖墙、大模板混凝土墙处盒、箱弹线定位,按弹出的水平线,对照设计图用小线和水平尺测量出盒、箱准确位置,并标注出尺寸。

②加气混凝土板、圆孔板、现浇混凝土板,应根据设计图和规定的要求准确找出灯位。进行测量后,标注出盒子尺寸位置。

2)盒、箱固定。

①盒、箱固定应平正牢固,灰浆饱满,纵横坐标准确。

②砖墙稳注盒、箱。

a.预留盒、箱孔洞:首先按设计图加工电管长度,配合土建施工,在距盒、箱的位置约 300mm 处,预留出进入盒、箱的长度,将电管甩在预留孔外,管口堵好。待稳注盒、箱时,一管一孔穿入盒、箱;

b.剔洞稳注盒、箱,再接短管:按弹出的水平线,对照设计图找出盒箱的准确位置,然后剔洞,所剔孔洞应比盒、箱稍大。洞剔好后,用水把洞内四壁浇湿,并将洞中杂物清理干净。依照管路的走向敲掉盒子的敲落孔,再用豆石混凝土将盒、箱稳入洞中,待豆石混凝土凝固后,再接短管入盒、箱。

③模板混凝土墙、板稳注箱、盒。

a.预留孔洞:下盒、箱套,混凝土浇筑、模板拆除后,将套取出,再稳注盒、箱;

b.直接稳固:用螺丝将盒、箱固定在扁铁上,然后再将扁铁绑扎在钢筋上,或直接用穿筋盒固定在钢筋上,并根据墙、板的厚度绑好支撑钢筋,使盒、箱口与模板紧贴。

④加气混凝土板、圆孔板稳注灯头盒,标注灯位的位置。先打孔,然后由下向上剔洞,洞口下小上大,将盒子配上相应的固定体放入洞中,固定好吊板;待配管后,用豆石混凝土稳注。

3)管路敷设。

①配管要求。

a. 半硬质绝缘导管的连接可采用套管粘接法和专用端头进行连接;套管的长度不应小于管外径的 3 倍,管子的接口应位于套管的中心,接口处应用胶黏剂粘接牢固;

b. 敷设管路时,应尽量减少弯曲。当线路的直线段的长度超过15m,或直角弯有 3 个且长度超过 8m,均应在中途装设接线盒;

c. 暗敷设应在土建结构施工时,将管路埋入墙体和楼板内。局部剔槽敷管应加以固定,并用强度等级不小于 M10 水泥砂浆抹面保护,保护层厚度应大于 15mm;

d. 在加气混凝土板内剔槽敷管时,只允许沿板缝剔槽,不允许剔横槽及剔断钢筋,剔槽的宽度不得大于管外径的 1.5 倍;

e. 管子最小弯曲半径应≥6D,弯扁≤0.1D(D 为管外径)。

②砖墙敷管。

a. 管路连接:可采用套管粘接或端头连接,接头处应固定牢固密封,管路应随同砌筑工序同步砌筑在墙体内;

b. 管进盒、箱连接:可采用粘接或端头连接。管进入盒、箱应与盒、箱里口平齐,一管一孔,不允许开长孔。

③模板混凝土墙、板敷管:应先将管口封堵好,管穿盒内不断头,管路沿钢筋内侧敷设,用铅丝将管绑扎在钢筋上,受力点应采取补强和防止机械损伤的措施。

4)扫管、穿带线时,将管口与盒、箱里口切平。

### 三、管内穿线及连接

1. 工艺流程

选配导线 → 扫管 → 穿带线(管口带护口) → 放线与断线 → 管内穿线 → 导线连接 → 导线接头包扎 → 线路检查及绝缘摇测

2. 施工工艺

(1)选配导线。

1)根据施工图要求选配导线。

2)绝缘导线的额定电压不低于 500V。

3)导线必须分色。线管出口处至配电箱、盘总开关的一段干线回路及各用电支路均应按色标要求分色,A 相为黄,B 相为绿,C 相为红色,N(中性线)为淡蓝色,PE(保护线)为绿黄双色。

(2)扫管:首先将扫管带线穿入管中,再将布条绑扎牢固在带线上,通过来回拉动带线,直至将管内灰尘、泥水等杂物清理干净。

(3)穿带线。

1)采用足够强度的铁丝,先将其一端弯成圆圈状的回头弯,然后穿入管路内。在管路的两端均应留有足够的余量。

2)穿带线受阻时,宜采用两端同时穿带线的办法,将两根带线的头部弯成半圆的形状,使两根铁丝同时反向搅动,至钩绞在一起,然后将带线拉出。

3)管口带护口:穿带线完成后,管口应带护口保护,护口规格应与管径配套,并做到不脱落。

(4)放线与断线。

1)放线。

①放线前应根据施工图对导线的规格、型号、颜色、质量进行核对。

②放线时导线应置于放线架或放线车上,放线避免出现死扣和背花。

2)断线。

①导线在接线盒、开关盒、灯头盒等盒内应预留 140～160mm 的余量。

②导线在配电箱内应预留约相当于配电箱箱体周长一半的长度作余量。

③公用导线(如竖井内的干线)在分支处不断线时,宜采用专用绝缘接线卡卡接。

(5)管内穿线。

1)穿线前应首先检查各个管口,以保证护口齐全,无遗漏、破损。

2)导线与带线的绑扎。

①导线根数较少时,可先将导线前端的绝缘层削去,然后将线芯直接插入带线的盘圈内并折回压实,形成锥形过渡。

②导线根数较多或导线截面较大时,可先将导线前端的绝缘层削去,然后将线芯斜错排列在带线上,用绑线缠绕绑扎牢固,使绑扎接头处形成平滑的锥形过渡,便于穿线。

3)当管路较长或转弯较多时,宜往管内吹入适量的滑石粉。

4)穿线时应符合下列规定。

①同一交流回路的导线必须穿于同一管内。

②不同回路、不同电压等级和不同电流种类的导线,不得同管敷设,下列情况除外。

a. 电压为 50V 以下的回路;

b. 同一设备的电源线路和无防干扰要求的控制线路;

c. 同一花灯的多个分支回路;

d. 同类照明的多个分支回路,但管内的导线总数不应超过 8 根。

5)导线在管内不得有接头和扭结。

6)管内导线包括绝缘层在内的总截面积应不大于管内截面积的 40%。

7)导线经过变形缝处应留有一定的余量。

8)敷设于垂直管路中的导线,当超过下列长度时,应加接线盒固定。

a. 截面积 50mm² 及以下的导线:30m;

b. 截面积 70~95mm² 的导线:20m;

c. 截面积 185~240mm² 的导线:18m。

9)不进入接线盒(箱)的垂直向上管口,穿入导线后应将管口密封。

(6)导线连接。

1)剥削绝缘。

①剥削绝缘常用的工具有电工刀、电工钳和剥线钳,一般 4mm² 以下的导线原则上使用剥线钳。

②剥削绝缘方法。

a. 单层剥法:一般适用于单层绝缘导线,应使用剥线钳剥削绝缘层,不允许使用电工刀转圈剥削绝缘层;

b. 分段剥法:一般适用于多层绝缘导线、编织橡皮绝缘导线,用电工刀先削去外层编织层,并留有约 15mm 的绝缘台,线芯长度随接线方

法和要求的机械强度而定,如图 5-45 所示;

　　c. 斜削法:用电工刀以 45°角倾斜切入绝缘层,当切近线芯时就应停止用力,接着应使刀面的倾斜角度改为 15°左右,沿着线芯表面向前头端部推出,然后把残存的绝缘层剥离线芯,用刀口插入背部以 45°角削断,如图 5-46 所示。

图 5-45　编织橡皮绝缘导线　　　　图 5-46　斜削法示意图
　　　　　剥线示意图

　　2)单芯铜导线的直线连接。

　　①自缠法:适用于 4mm² 及以下的单芯线连接。将两线芯互相交叉,互绞三圈后,将两线端分别在另一个芯线上密绕不少于 5 圈,剪掉余头,线芯紧贴导线。如图 5-47 所示。

　　②绑扎法:截面较大的单股导线多用绑扎法,在两根连接导线中间加一根相同直径的辅助线,然后用 1.5mm² 的裸铜线作为绑线,从中间向两边缠绕,长度为导线直径的 10 倍。然后将两线芯端头折回,单缠 5 圈与辅助线捻绞 2 圈,余线剪掉。如图 5-48 所示。

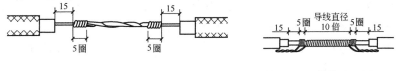

图 5-47　单芯铜导线的直线连接　　　图 5-48　绑扎法示意图

　　3)单芯铜导线的分支连接。

　　①自缠法:适用于 4mm² 以下的单芯线。用分支线路的导线在干线上紧密缠绕 5 圈,缠绕完后,剪去余线。具体做法如图 5-49 所示。

　　②绑扎法:适用于 6mm² 及以上的单芯线的分支连接,将分支线折成 90°,紧靠干线,用同材质导线缠绕,其长度为导线直径的 10 倍,将分支线折回,单卷缠绕 5 圈后和分支线绞在一起,剪断余下线头,如图5-50所示。

　　4)单芯铜导线的十字分支连接做法如图 5-51 和图 5-52 所示。

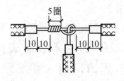

图 5-49　分线打结连接

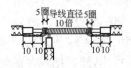

图 5-50　绑扎法

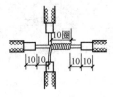

图 5-51　十字分支导线
一侧连接做法

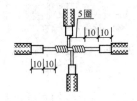

图 5-52　十字分支导线
两侧连接做法

5)多芯铜导线直接连接:多芯铜导线连接一般采用绑扎法,适用于七股导线。先将绞线分别拆开成伞形,将中心一根芯线剪去 2/3,把两线相互交叉成一体,各取自身导线在中部相绞一次,用其中一根芯线作为绑线在导线上缠绕 5～7 圈后,再用另一根线芯与绑线相绞后把原来的绑线压在上面继续按上述方法缠绕,其长度为导线直径的 10 倍,最后缠卷的线端与一条线捻绞 2 圈后剪断。也可不用自身线段,而用一根 $\phi$2.0mm 的铜线缠绕,如图 5-53 所示。

图 5-53　直接连接

6)多芯铜导线分支连接。

①一般采用绑扎法:将分支线折成 90°紧靠干线,在绑线端部适当处弯成半圆形,将绑线短端弯成与半圆形成 90°角,并与连接线靠紧,用较长的一端缠绕,将短头压在下面,缠绕长度应为导线结合处直径 5 倍,再将绑线两端捻绞 2 圈,剪掉余线,如图 5-54 所示。

②将分支线破开(或劈开两半),根部折成 90°紧靠干线,用分支线其中的一根在干线上缠圈,缠绕 3～5 圈后剪断,再用另一根线芯继续缠绕 3～5 圈后剪断,按此方法直至连接到双根导线直径的 5 倍时为止,应保证各剪断处在同一直线上,见图 5-55。

7)铜导线在接线盒、箱内的连接。

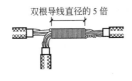

图 5-54　分支连接(一)

图 5-55　分支连接(二)

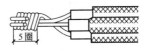

图 5-56　接线盒内接头

①单芯线并接头:首先将导线绝缘台并齐合拢。然后在距绝缘台约 12mm 处用其中一根线芯在其连接端缠绕 5～7 圈后剪断,把余头并齐折回压在缠绕线上,如图 5-56 所示。

②不同直径导线接头:无论是独根(导线截面积小于 2.5mm²)还是多芯软线,均应先进行涮锡处理。再将细线在粗线上距离绝缘层 15mm 处交叉,并将线端部向粗导线(独根)端缠绕 5～7 圈,将粗导线端折回压在细线上。

③采用 LC 安全型压线帽压接:铜导线压线帽分为黄、白、红三种颜色,分别适用于 1.0mm²、1.5mm²、2.5mm²、4mm² 的 2～4 条导线的连接。具体方法是将导线绝缘层剥去适当长度,长度按压线帽的规格型号决定,清除氧化层,按规格选用适当的压线帽,将线芯插入压线帽的压接管内,若填不实,可将线芯折回头,填满为止。线芯插到底后,导线绝缘应和压接管平齐,并包在压线帽壳内,用专用压接钳压实即可。压线帽压接如图 5-57 所示。

④采用接线端子压接:多股导线可采用与导线同材质且规格相应的接线端子压接。压接时首先削去导线的绝缘层,然后将线芯紧紧地绞在一起,清除接线端子孔内的氧化膜,之后将线芯插入端子,用压接钳压紧压牢。注意导线外露部分应小于 1mm,如图 5-58 所示。

8)导线与平压式接线柱连接。

①单芯导线盘圈压接:用机螺丝压接时,导线要顺着螺钉旋转方向紧绕一圈后进行压接。不允许逆时针方向盘圈压接,盘圈开口不宜大于 2mm。

②多股铜芯软线用螺丝压接时,先将线芯拧绞盘圈做成单眼圈,涮锡后,将其压平再用螺丝加垫圈压紧。

以上两种方法压接后外露线芯的长度不宜超过 2mm。

图 5-57 压线帽压接示意图

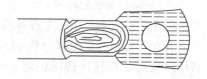

图 5-58 接线端子压接示意图

9)导线与插孔式接线桩连接:将连接的导线剥出线芯插入接线桩孔内,然后拧紧螺栓,导线裸露出插孔不大于 2mm,针孔较大时要折回头插入压接,如图 5-59 所示。

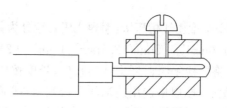

图 5-59 接线桩压接示意图

10)导线接头涮锡:导线连接头做完后,均须在连接处进行涮锡处理,线径较小的单股线或多股软铜线可以直接用电烙铁加热进行涮锡处理。如果施工场地允许时,可以用喷灯或电炉将锡锅内的焊锡熔化,直接对导线接头涮锡。涮锡时要掌握好温度,使接头涮锡饱满,不出现虚焊、夹渣现象。涮锡后将焊剂处理干净。

(7)导线接头包扎。

先用塑料绝缘带从导线接头始端的完好绝缘层处开始,以半幅宽度重叠包扎缠绕 2 个绝缘带幅宽度,然后以半幅宽度重叠进行缠绕。在包扎过程中应收紧绝缘带。最后再用黑胶布包扎,包扎时要衔接好,同样以半幅宽度边压边进行缠绕,在包扎过程中应用力收紧胶布,导线接头处两端应用黑胶布封严密,包扎后外观应呈橄榄形。

(8)线路检查及绝缘摇测。

1)线路检查:导线接头全部完成后,应检查导线接头是否符合规范要求,合格后再进行绝缘摇测。

2)绝缘摇测:低压线路的绝缘摇测一般选用500V,量程为1~500MΩ的兆欧表。线路绝缘摇测按下面的方法进行。

①电气器具未安装前进行线路绝缘摇测时,首先将灯头盒内导线分开,开关盒内导线连通。分别摇测支线和干线,摇表转速应保持在120r/min左右,1min后读数并记录数值。

②电气器具全部安装完在送电前进行摇测时,按系统、按单元、按户摇测一次线路的干线绝缘电阻。先将线路上的开关、仪表、设备等置于断开位置,摇测方法同上所述,确认绝缘摇测无误后再进行送电试运行。

**四、塑料线槽配线**

1. 弹线定位

(1)弹线定位应符合以下规定:线槽配线在穿过楼板及墙壁时,应用保护管,而且穿楼板处必须用钢管保护,其保护高度距地面不应低于1.8m;过变形缝时应做补偿处理。

(2)弹线定位方法:按设计图确定进户线、盒、箱等电气器具固定点的位置,从始端至终端(先干线后支线)找好水平或垂直线,用粉线袋在线路中心弹线,分匀档,用笔画出加档位置后,再细查木砖是否齐全,位置是否正确,不合要求应及时补齐。然后在固定点位置进行钻孔,埋入塑料胀管或伞形螺栓。弹线时不应弄脏建筑物表面。

2. 线槽固定

(1)木砖固定线槽:配合土建结构施工预埋木砖,加气砖墙或砖墙剔洞后再埋木砖,梯形木砖较大的一面应朝洞里,外表面与建筑物的表面平齐,然后用水泥砂浆抹平,待凝固后,再把线槽底板用木螺丝固定在木砖上,见图5-60。

(2)塑料胀管固定线槽:混凝土墙、砖墙可采用塑料胀管固定塑料线槽。根据胀管直径和长度选择钻头,在标出的固定点位置上钻孔,不应歪斜、豁口,应垂直钻好孔后,将孔内残存的杂物清理干净,用木槌把塑料胀管垂直敲入孔中,以与建筑物表面平齐为准,再用石膏将缝隙填实抹平。用半圆头木螺丝加垫圈将线槽底板固定在塑料胀管上,紧贴建筑物表面。应先固定两端,再固定中间,同时找正线槽底板,应横平竖直,并沿建筑物形状表面进行敷设。木螺丝规格尺寸,见表5-16。线槽安装用塑料胀管固定,见图5-61。

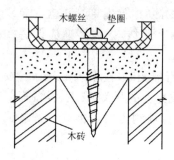

图 5-60　用木砖安装

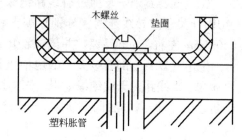

图 5-61　线槽安装用塑料胀管固定

表5-16　　　　　　　　　　木螺丝规格尺寸　　　　　　　　　　(单位:mm)

| 标　　号 | 公称直径(d) | 螺杆直径(d) | 螺杆长度(L) |
|---|---|---|---|
| 7 | 4 | 3.81 | 12～70 |
| 8 | 4 | 4.52 | 12～70 |
| 9 | 4.5 | 4.70 | 16～85 |
| 10 | 5 | 4.88 | 18～100 |
| 12 | 5 | 5.59 | 18～100 |
| 14 | 6 | 6.30 | 25～100 |
| 16 | 6 | 7.01 | 25～100 |
| 18 | 6 | 7.72 | 40～100 |
| 20 | 8 | 8.43 | 40～100 |
| 24 | 10 | 9.86 | 70～120 |

(3)伞形螺栓固定线槽:在石膏板墙或其他护板墙上,可用伞形螺栓固定塑料线槽,根据弹线定位的标记,找好固定点位置,把线槽的底板横平竖直的紧贴建筑物的表面,钻好孔后将伞形螺栓的两伞叶掐紧

合拢插入孔中,待合拢伞叶自行张开后,再用螺母紧固即可,露出线槽内的部分应加套塑料管。固定线槽时,应先固定两端再固定中间。伞形螺栓安装做法,见图 5-62。伞形螺栓构造,见图 5-63。

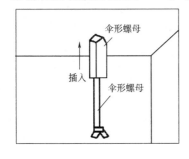

图 5-62 伞形螺栓安装做法

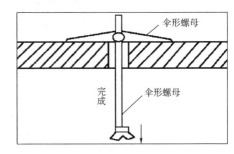

图 5-63 伞形螺栓构造

## 3.线槽连接

线槽及附件连接处应严密平整,无缝隙,紧贴建筑物固定点,最大间距见表 5-17。

表 5-17　　　　　　　　槽体固定点最大间距尺寸　　　　　　　（单位:mm）

| 固定点形式 | 槽板宽度 | | |
| --- | --- | --- | --- |
| | 20～40 | 60 | 80～120 |
| | 固定点最大间距 | | |
| 中心单列 | 800 | — | — |
| 双列 | — | 1000 | — |
| 双列 | — | — | 800 |

(1)槽底和槽盖直线段对接:槽底固定点间距应不小于 500mm,盖板应不小于 300mm,底板离终端点 50mm 及盖板离终端点 30mm 处均应固定。三线槽的槽底应用双钉固定。槽底对接缝与槽盖对接缝应错开并不小于 100mm。

(2)线槽分支接头,线槽附件(如直通、三通转角、接头、插口、盒、箱)应采用相同材质的定型产品。槽底、槽盖与各种附件相对接时,接缝处应严实平整,固定牢固,见图5-64。

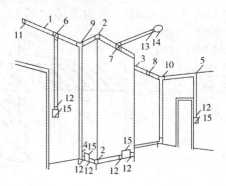

**图5-64　塑料线槽安装示意图**

1—塑料线槽;2—阳角;3—阴角;4—直转角;5—平转角;6—平三通;

7—顶三通;8—连接头;9—右三通;10—左三通;11—终端头;

12—接线盒插口;13—灯头盒插口;14—灯头盒;15—接线盒

(3)线槽各种附件安装要求:盒子均应两点固定,各种附件角、转角、三通等固定点不应少于两点(卡装式除外)。接线盒、灯头盒应采用相应插口连接。线槽的终端应采用终端头封堵。在线路分支接头处应采用相应接线箱。安装铝合金装饰板时,应牢固、平整、严实。

4.清扫线槽

放线时,先用布清除槽内的污物,使线槽内外清洁。

# 第六章 | 电气照明工程

## 第一节 配电箱(盘)安装

### 一、配电箱(盘)安装工艺流程

1. 明装配电箱

```
          ┌→ 支架制作安装 →┐
测量定位 →┤                ├→ 箱体固定 → 配线 → 绝缘测试 → 通电试运行
          └→ 固定螺栓安装 →┘
```

2. 暗装配电箱

测量定位 → 箱体安装 → 箱(盘)芯安装 → 盘面安装 → 配线 → 绝缘测试 → 通电试运行

### 二、施工方法

1. 测量定位

根据施工图纸确定配电箱(盘)位置,并按照箱(盘)的外形尺寸进行弹线定位。

2. 明装配电箱(盘)支架制作安装

依据配电箱底座尺寸制作配电箱支架,将角钢调直,量好尺寸,画好锯口线,锯断煨弯,钻出孔位,并将对口缝焊牢,埋注端做成燕尾,然后除锈,刷防锈漆,按需要标高用水泥砂浆埋牢。

3. 明装配电箱(盘)固定螺栓安装

在混凝土墙或砖墙上采用金属膨胀螺栓固定配电箱(盘)。首先根据弹线定位确定固定点位置,用冲击钻在固定点位置处钻孔,其孔径及深度应刚好将金属膨胀螺栓的胀管部分埋入,且孔洞应平直不得歪斜。

4. 明装配电箱(盘)穿钉制作安装

在空心砖墙上,可采用穿钉固定配电箱(盘)。根据墙体厚度截取适当长度的圆钢制作穿钉。背板可采用角钢或钢板,钢板与穿钉的连接方式可采用焊接或螺栓连接。

5.明装配电箱(盘)箱体固定

根据不同的固定方式,把箱体固定在紧固件上。在木结构上固定配电箱时,应采取相应的防火措施。管路进明装配电箱的做法详见图6-1。

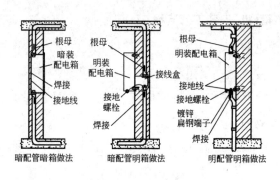

暗配管暗箱做法    暗配管明箱做法    明配管明箱做法

**图6-1 管路进配电箱的做法**

6.暗装配电箱(盘)箱体安装

在现浇混凝土墙内安装配电箱(盘)时,应设置配电箱(盘)预留洞。

(1)暗装配电箱(盘)箱体固定:首先根据施工图要求的标高位置和预留洞位置,将箱体放入洞内找好标高和水平位置,并将箱体固定好。用水泥砂浆填实周边,并抹平。待水泥砂浆凝固后再安装盘面和贴脸。如箱底保护层厚度小于30mm时,应在外墙固定金属网后再做墙面抹灰。

不得在箱底板上直接抹灰,管路进配电箱的做法如图6-1所示暗装做法。

(2)在二次墙体内安装配电箱时,可将箱体预埋在墙体内。

(3)在轻钢龙骨墙内安装配电箱时,若深度不够,则采用明装式或在配电箱前侧四周加装饰封板。

(4)钢管入箱应顺直,排列间距均匀,箱内露出锁紧螺母的丝扣为2扣或3扣,用锁母内外锁紧,做好接地。焊跨接地线使用的圆钢直径不小于6mm,焊在箱的棱边上。

7. 箱(盘)芯安装

先将箱壳内杂物清理干净,并将线理顺,分清支路和相序,箱芯对准固定螺栓位置推进,然后调平、调直、拧紧固定螺栓。

8. 盘面安装

安装盘面要求平整,周边间隙均匀对称,贴脸(门)平正,不歪斜,螺丝垂直受力均匀。

9. 配线

配电箱(盘)上配线需排列整齐,并绑扎成束。

盘面引出或引进的导线应留有适当的余量,以便检修。垂直装设的刀闸及熔断器上端接电源,下端接负荷;横装者左侧(面对盘面)接电源,右侧接负荷。导线剥削处不应过长,导线压头应牢固可靠,多股导线必须涮锡且不得减少导线股数。导线连接采用顶丝压接或加装压线端子。箱体用专用的开孔器开孔。

10. 绝缘测试

配电箱(盘)全部电器安装完毕后,用 500V 兆欧表对线路进行绝缘摇测,绝缘电阻值不小于 0.5MΩ。

摇测项目包括相线与相线之间,相线与中性线之间,相线与保护地线之间,中性线与保护地线之间的绝缘电阻。两人进行摇测,同时做好记录,作为技术资料存档。

11. 通电试运行

配电箱(盘)安装及导线压接后,应先用仪表校对各回路接线,无差错后试送电,检查元器件及仪表指示是否正常,并在卡片框内的卡片上填写好线路编号及用途。

# 第二节　开关、插座、风扇安装

## 一、工艺流程

接线盒检查清理 → 接线 → 安装 → 通电试验

## 二、施工工艺

### 1. 接线盒检查清理

用錾子轻轻地将盒子内残留的水泥、灰块等杂物剔除,用小号油漆刷将接线盒内杂物清理干净。清理时注意检查有无接线盒预埋安装位置错位(即螺丝安装孔错位 90°)、螺丝安装孔耳缺失、相邻接线盒高差超标等现象,若发现有此类现象,应及时修整。如接线盒埋入较深,超过 1.5cm 时,应加装套盒。

### 2. 接线

(1)将盒内导线留出维修长度后剪除余线,用剥线钳剥出适宜长度,以刚好能完全插入接线孔的长度为宜。

(2)对于多联开关需分支连接的应采用安全型压接帽压接分支。

(3)应注意区分相线、零线及保护地线,不得混乱。

(4)开关、插座、吊扇的相线应经开关关断。

(5)插座接线。

1)单相两孔插座有横装和竖装两种,如图 6-2 所示。横装时,面对插座的右极接相线,左极接零线;竖装时,面对插座的上极接相线,下极接零线。安装时应注意插座内的接线标识。

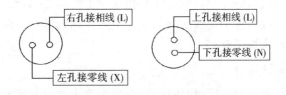

**图 6-2　单相两孔插座接线**

2)单相三孔及三相四孔插座接线如图 6-3 所示。

(6)吊扇接线。

1)根据产品说明将吊扇组装好(扇叶暂时不装)。

2)根据产品说明剪取适当长度的导线穿过吊杆与扇头内接线端子连接。

3)上述配线应注意区分导线的颜色,应与系统整体穿线颜色一致,以区分相线、零线及保护地线。

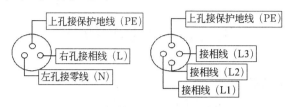

图6-3 单相三孔及三相四孔插座接线

3.安装开关、插座、吊扇

(1)开关、插座安装。

按接线要求,将盒内导线与开关、插座的面板连接好后,将面板推入,对正安装孔,用镀锌机螺丝固定牢固。固定时使面板端正,与墙面平齐。对附在面板上的安装孔装饰帽应事先取下备用,在面板安装调整完毕后再盖上,以免多次拆卸划损面板。

安装在室外的开关、插座应为防水型,面板与墙面之间应有防水措施。

安装在装饰材料(木装饰或软包等)上的开关、插座与装饰材料间设置隔热阻燃制品(如石棉布等)。

(2)吊扇安装。

将吊扇托起,使吊扇通过减振橡胶耳环与预埋的吊钩挂牢。用压接帽压接好电源接头后,向上推起吊杆上的扣碗,将接头扣于其内,紧贴顶棚后拧紧固定螺丝。

按要求安装好扇叶,其连接螺栓应配有弹簧垫片及平垫片。弹簧垫片应紧靠螺栓头部,不得放反。

对于壁挂式吊扇应根据安装底板位置打好膨胀螺栓孔后安装,安装膨胀螺栓数不得少于2个,直径不小于8mm。

4.通电试验

开关、插座、吊扇安装完毕后,且各条支路的绝缘电阻摇测合格后,方允许通电试运行。通电后应仔细检查和巡视,检查灯具的控制是否灵活、准确;开关与灯具控制顺序相对应,吊扇的转向、运行声音及调速开关是否正常,如发现问题必须先断电,然后查找原因进行修复。

# 第三节　普通灯具安装

## 一、施工流程

灯具检查 → 组装灯具 → 灯具安装 → 通电试运行

## 二、操作工艺

1. 灯具检查

(1)根据灯具的安装场所检查灯具是否符合要求。

1)多尘、潮湿的场所应采用密闭式灯具;

2)灼热、多尘的场所(如出钢、出铁、轧钢等场所)应采用投光灯;

3)灯具有可能受到机械损伤的,应采用有防护网罩的灯具;

4)安装在振动场所(如有锻锤、空压机、桥式起重机等)的灯具应有防撞措施(如采用吊链软性连接);

5)除敞开式外,其他各类灯具的灯泡容量在 100W 及以上的均应采用瓷灯口。

(2)根据装箱清单清点安装配件。

(3)注意检查制造厂的有关技术文件是否齐全。

(4)检查灯具外观是否正常,有无擦碰、变形、受潮、金属镀层剥落锈蚀等现象。

2. 组装灯具

(1)组合式吸顶花灯的组装。

1)选择适宜的场地,将灯具的包装箱、保护薄膜拆开铺好;

2)戴上干净的纱线手套;

3)参照灯具的安装说明,将各组件连成一体;

4)灯内穿线的长度应适宜,多股软线线头应搪锡;

5)应注意统一配线颜色以区分相线与零线,对于螺口灯座中心簧片应接相线,不得混淆;

6)理顺灯内线路,用线卡或尼龙扎带固定导线以避开灯泡发热区。

（2）吊顶花灯的组装。

1）选择适宜的场地，将灯具的包装箱、保护薄膜拆开铺好；

2）戴上干净的纱线手套；

3）首先将导线从各个灯座口穿到灯具本身的接线盒内。导线一端盘圈、搪锡后接好灯具。理顺各个灯头的相线与零线，另一端区分相线与零线后分别引出电源接线。最后将电源接线从吊杆中穿出；

4）各灯泡、灯罩可在灯具整体安装后再装上，以免损坏。

3. 灯具安装

（1）普通座式灯头的安装。

1）将电源线留足维修长度后剪除余线并剥出线头；

2）区分相线与零线，对于螺口灯座中心簧片应接相线，不得混淆；

3）用连接螺钉将灯座安装在接线盒上。

（2）吊线式灯头的安装。

1）将电源线留足维修长度后剪除余线并剥出线头；

2）将导线穿过灯头底座，用连接螺钉将底座固定在接线盒上；

3）根据所需长度剪取一段灯线，在一端接上灯头，灯头内应系好保险扣，接线时区分相线与零线，对于螺口灯座中心簧片应接相线，不得混淆；

4）多股线芯接头应搪锡，连接时应注意接头均应按顺时针方向弯钩后压上垫片并用灯具螺钉拧紧；

5）将灯线另一头穿入底座盖碗，灯线在盖碗内应系好保险扣并与底座上的电源线用压接帽连接；

6）旋上扣碗。

（3）日光灯安装。

1）吸顶式日光灯安装。

打开灯具底座盖板，根据图纸确定安装位置，将灯具底座贴紧建筑物表面，灯具底座应完全遮盖住接线盒，对着接线盒的位置开好进线孔；

比照灯具底座安装孔用铅笔画好安装孔的位置，打出尼龙栓塞孔，装入栓塞（如为吊顶可在吊顶板上背木龙骨或轻钢龙骨用自攻螺钉固定）；

将电源线穿出后用螺钉将灯具固定并调整位置以满足要求;

用压接帽将电源线与灯内导线可靠连接,装上启辉器等附件;

盖上底座盖板,装上日光灯管。

2)吊链式日光灯安装。

根据图纸确定安装位置,确定吊链吊点;

打出尼龙栓塞孔,装入栓塞,用螺钉将吊链挂钩固定牢靠;

根据灯具的安装高度确定吊链及导线的长度(使电线不受力);

打开灯具底座盖板,将电源线与灯内导线可靠连接,装上启辉器等附件;

盖上底座,装上日光灯管,将日光灯挂好;

将导线与接线盒内电源线连接,盖上接线盒盖板并理顺垂下的导线。

(4)吸顶灯(壁灯)的安装。

1)比照灯具底座画好安装孔的位置,打出尼龙栓塞孔,装入栓塞(如为吊顶可在吊顶板上背木龙骨或轻钢龙骨用自攻螺钉固定);

2)将接线盒内电源线穿出灯具底座,用螺钉固定好底座;

3)将灯内导线与电源线用压接帽可靠连接;

4)用线卡或尼龙扎带固定导线以避开灯泡发热区;

5)上好灯泡,装上灯罩并上好紧固螺钉;

6)安装在室外的壁灯应有泄水孔,绝缘台与墙面之间应有防水措施;

7)安装在装饰材料(木装饰或软包等)上的灯具与装饰材料间应有防火措施。

(5)吊顶花灯的安装。

1)将预先组装好的灯具托起,用预埋好的吊钩挂住灯具内的吊钩;

2)将灯内导线与电源线用压接帽可靠连接;

3)把灯具上部的装饰扣碗向上推起并紧贴顶棚,拧紧固定螺钉;

4)调整好各个灯口,上好灯泡,配上灯罩。

(6)嵌入式灯具(光带)的安装。

1)应预先提交有关位置及尺寸,由相关人员开孔;

2)将吊顶内引出的电源线与灯具电源的接线端子可靠连接;

3)将灯具推入安装孔固定;

4)调整灯具边框。如灯具对称安装,其纵向中心轴线应在同一直线上,偏斜不应大于 5mm。

4.通电试运行

灯具安装完毕后,经绝缘测试检查合格后,方允许通电试运行。通电后应仔细检查和巡视,检查灯具的控制是否灵活、准确,开关与灯具控制顺序是否对应,灯具有无异常噪声,如发现问题应立即断电,查出原因并修复。

# 第四节　专用灯具安装

由于灯具种类不同,因此灯具安装施工程序也不尽相同。一般需要先通电试亮,然后到施工现场进行安装。

## 一、照明灯具及附件进场验收

(1)查验合格证,新型气体放电灯具有随带技术文件。

(2)外观检查,灯具涂层完整,无损伤,附件齐全。防爆灯具铭牌上有防爆标志和防爆合格证号,普通灯具有安全认证标志。

(3)对成套灯具的绝缘电阻、内部接线等性能进行现场抽样检测。灯具的绝缘电阻值不小于 $2M\Omega$,内部接线为铜芯绝缘电线,芯线截面积不小于 $0.5mm^2$,橡胶或聚氯乙烯(PVC)绝缘电线的绝缘层厚度不小于 $0.6mm$。

(4)对游泳池和类似场所灯具(水下灯及防水灯具)的密封和绝缘性能有异议时,按批抽样送有资质的试验室检测。

## 二、游泳池和类似场所灯具安装

游泳池和类似场所灯具安装,通常包括建筑工程中的体育场馆的室内游泳池,宾馆、饭店、办公大厦及住宅小区的庭院和广场上的水中照明灯、灯光喷水池以及水景照明等的水下灯和防水灯具的安装。

常用的水中照明灯每只 300W,有额定电压 12V 和 220V 两种,220V 电压用于喷水照明,12V 电压用于水下照明。水下照明灯的滤色片分为红、黄、绿、蓝、透明五种。

1. 水中照明灯具的选择

水中照明光源以金属卤化物灯、白炽灯为最佳。在水下的颜色中黄色、蓝色容易看出。

在水中以观赏水中景物为目的的照明中,需要水色显得美观,采用金属卤化物灯或白炽灯作为光源。水中电视摄像机的摄像用照明,一般使用金属卤化物灯、白炽灯、氙灯等。

水中照明无论采用什么方式,照明用灯具都要具有抗腐蚀性和耐水构造。由于在水中设置灯具时会受到波浪或风的机械冲击,因此还必须具有一定的机械强度。

2. 水中照明灯具安装

灯具的设置位置有三种方式,如图 6-4 所示。

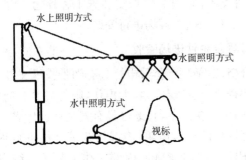

图 6-4　各种水中照明方式

当游泳池内设置水下照明灯时,照明灯上口宜距水面 $0.3\sim0.5$m,在浅水部分灯具间距宜为 $2.5\sim3$m;在深水部分灯具间距宜为 $3.5\sim4.5$m。

在水中使用的灯具上常有微生物附着或浮游物堆积情况,为易于清扫和检查,宜使用水下接线盒进行连接。

当游泳池内设置水下照明时,其照明灯的电源及灯具、接线盒应设有安全接地等保护措施。

游泳池和类似场所灯具(水下灯及防水灯具)的等电位联结应可靠,且有明显标志,其电源的专用漏电保护装置应全部检测合格。

自电源引入灯具的导管必须采用绝缘导管,严禁采用金属或有金属护层的导管。

### 3.喷水照明装置安装

水下照明灯用于喷水池中作为水面、水柱、水花的彩色灯光照明，使人工喷泉景在各色灯光的交相辉映下比白天更为壮观，绚丽多姿，光彩夺目。见图6-5、图6-6。

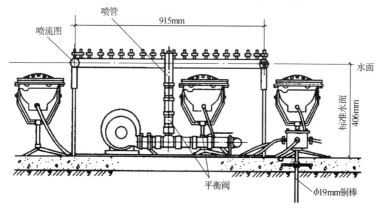

图 6-5　喷水照明平面布置图

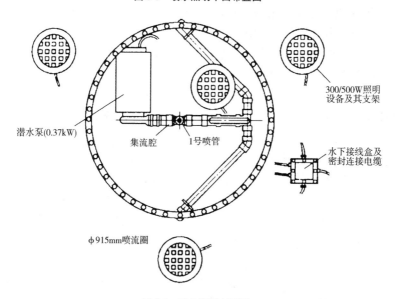

图 6-6　喷水照明剖面图

(1)灯具选择。

喷水照明一般选用白炽灯,并且宜采用可调光方式。当喷水高度高并且不需要调光时,可采用高压钠灯或金属卤化物灯。喷水高度与光源功率的关系可参见表 6-1。

表 6-1　　　　　　　　　喷水高度与光源功率的关系

| 光源类别 | 白炽灯 | | | | | 高压钠灯 | 金属卤化物灯 |
|---|---|---|---|---|---|---|---|
| 光源功率/W | 100 | 150 | 200 | 300 | 500 | 400 | 400 |
| 适宜喷水高度/m | 1.5～3 | 2～3 | 2～6 | 3～8 | 5～8 | ＞7 | ＞10 |

(2)灯具安装。

灯光喷水系统由喷嘴、压力泵及水下照明灯组成。

喷水照明灯在水面以下设置时,由于水深会引起光线减少,要适当控制高度,一般安装在水面以下 30～100mm 为宜,白天看上去应难于发现隐藏在水中的灯具。安装后灯具不得露出水面,以免灯具玻璃冷热突变使玻璃灯泡碎裂。

水下照明灯具是具有防水措施的投光灯,投光灯下是固定用的三角支架,根据需要可以随意调整灯具投光角度、位置,使之处于最佳投光位置,达到最满意的照明效果。

喷水照明灯电源的专用漏电保护装置,应全部检验合格;喷水装置及照明装置可接近的裸露导体应接地可靠。

调换灯泡时,应先提出灯具,待干后,方可松开螺钉,以免漏入水滴造成短路及漏电。待换好装实后,才能放入水中工作。

(3)喷水照明的控制。

喷水照明的控制方式很多,应根据需要选择。

为使喷水的形态有所变化,可与背景音乐结合而形成"声控喷水"或"时控喷水"。时控是由彩灯闪烁控制器按预先设定的程序自动循环,按时变换各种灯光色彩。较先进的声控方式是由一台小型专用计算机和一整套开关元件和音响设备实现的,灯光的变化与音乐同步,使喷出的水柱随音乐的节奏而变化,灯光的色彩和亮灯数量也相应变化。

彩色音乐喷泉控制系统原理见图 6-7。利用音频信号控制水流变化,以随机控制或微机控制高压潜水泵、水下电磁阀、水下彩灯的工作情况。随机控制是根据操作人员对音乐的理解,随时对喷泉开动时的图案、色彩进行交换;微机控制是对特定的乐曲预先编程,对喷泉开动时的图案、色彩自动控制。

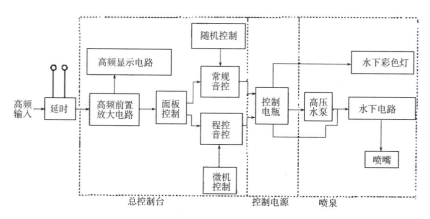

图 6-7　彩色音乐喷泉控制系统原理图

### 三、手术台无影灯安装

手术台无影灯是医院电气照明中手术室内的手术专用照明灯。医院手术照明主要采用成套无影手术灯,安装在手术台上方 1.5m 处。手术台上无影灯重量较大,使用中根据需要经常调节移动和转动,所以固定和防松是关键。

1. 手术台无影灯安装

手术台无影灯固定灯具底座的螺栓数量,不应少于灯具法兰底座上的固定孔数,且螺栓直径与底座的孔径应相适配。

固定手术台无影灯底座的螺栓应根据产品提供的尺寸预埋,其螺栓可与楼板结构主筋焊接或将螺栓末端弯曲与主筋绑扎锚固。

手术台无影灯底座的固定螺栓,应采用双螺母锁固。灯具底座固定好以后,底座应紧贴建筑物顶板表面,周围无缝隙。

2. 手术台无影灯的接线

手术台无影灯的供电方式由设计选定,一般每个手术室都有独立的电源配电箱,由多个电源供电。手术台无影灯有专用的控制箱,箱内装有总开关和分路开关,从控制箱由双回路引向灯具,以确保供电绝对可靠。在施工中应注意多电源的识别和连接。

开关至手术台无影灯的电线应采用额定电压不低于 750V 的铜芯多股绝缘电线。

手术台无影灯安装后,灯具表面应保持清洁、无污染,灯具镀、涂层完整无划伤。

### 四、应急照明安装

应急照明是在特殊情况下起关键作用的照明,有争分夺秒的要求,只要通电应瞬时发光,因此其灯源不能用延时点燃的高汞灯泡等。

应急照明如果作为正常照明的一部分同时使用时,应有单独的控制开关,且控制开关面板宜与一般照明开关面板相区别或选用带指示灯型开关。应急照明不作为正常照明的一部分,而仅在事故情况下使用时,在正常照明因故停电后,应急照明电源宜自动投入。

应急照明在正常照明断电后,电源转换时间:备用照明≤5s(金融商店交易所≤1.5s);疏散照明≤15s;安全照明≤0.5s。

消防控制室、消防水泵房、防排烟机房、配电室、自备发电机房、电话总机房以及发生火灾仍需坚持工作的其他房间的应急照明,仍应保证正常照明。

应急照明采用蓄电池作备用电源时,连续供电时间不应少于20min。高度超过 100m 的高层建筑及人防工程连续供电时间不应少于 30min。

目前应急照明灯具厂家提供的灯具数据有名称、型号、规格、光源功率(含平时使用及应急使用)、电压及应急照明时间等,有的厂家还给出接线方法及灯内导线色彩,为用户提供使用指南。在安装应急照明灯时,可根据不同的灯具进行安装、接线。

应急照明线路在每个防火分区应有独立的应急照明回路,穿越不同防火分区的线路应有防火隔堵措施。

应急照明灯具运行中温度大于 60℃的灯具,当靠近可燃物时,应采取隔热、散热等防火措施。当采用白炽灯、卤钨灯等光源时,不可直接安装在可燃装修材料或可燃物件上。

## 五、备用照明安装

备用照明是为保障安全,在正常照明出现故障而工作和活动仍需继续进行时而设置的应急照明。备用照明的照度往往利用部分或全部正常照明灯具来提供。备用照明宜安装在墙面或顶棚部位。

备用照明(不包括消防控制室、消防水泵房、配电室、自备发电机房等场所)的照度不宜低于一般照明照度的 10%。

## 六、疏散照明安装

疏散照明是当建筑物处于特殊情况,如火灾、空袭、市电供电中断等,使建筑物的某些关键位置的照明器具仍能持续工作,并有效指导人群安全撤离的照明,所以是至关重要的。

疏散照明由安全出口标志灯和疏散标志灯组成。安全出口标志灯和疏散标志灯应装有玻璃或非燃材料的保护罩,面板亮度均匀度为 1∶10(最低∶最高),保护罩应完整、无裂纹。

疏散照明按安装的位置又分为应急出口(安全出口)照明和疏散走道照明。

安全出口标志灯宜安装在疏散门口的上方,在首层的疏散楼梯应安装于楼梯口的里侧上方。安全出口标志灯距地高度不宜低于 2m。

疏散走道上的安全出口标志灯可明装,而厅室内宜采用暗装。安全出口标志灯应有图形和文字符号,在有无障碍设计要求时,宜同时设有音响指示信号。

可调光型安全出口标志灯宜用于影剧院的观众厅。在正常情况下减光使用,火灾事故时应自动接通至全亮状态。

疏散照明要求沿走道提供足够的照明,能看见所有的障碍物,清晰无误地沿着指明的疏散路线,迅速找到应急出口,并能容易地找到沿疏散路线设的消防报警按钮、消防设备和配电箱。

疏散照明的地面水平照度不应低于 0.5lx,人防工程为 1lx。疏散照明可采用荧光灯或白炽灯。

疏散标志灯的设置,不应影响正常通行,并且不在其周围设置容易混同疏散标志灯的其他标志牌等。

疏散照明宜设在安全出口的顶部、疏散走道及其转角处距地 1m 以下的墙面上,当交叉口处在墙面下侧安装难以明确表示疏散方向时,也可将疏散标志灯安装在顶部。疏散走道上的标志灯应有指示疏散方向的箭头标志,标志灯间距不宜大于20m(人防工程不宜大于10m,距地高度为1~1.2m)。

楼梯间内的疏散标志灯宜安装在休息平台板上方的墙角处或壁装,并应用箭头及阿拉伯数字清楚标明上、下层层号。疏散标志灯的设置原则见图6-8。

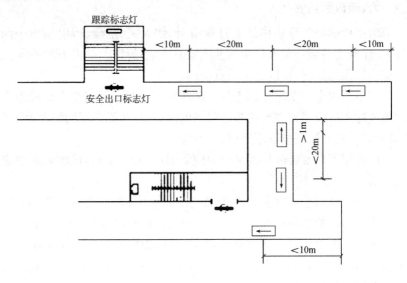

**图6-8 疏散标志灯设置原则示例**

疏散照明线路应采用耐火电线、电缆,穿导管明敷设或在非燃烧体内穿刚性导管暗敷设。暗敷设时保护层厚度不应小于30mm。电线采用额定电压不低于750V的铜芯绝缘电线。疏散指示标志可采用蓄电池作备用电源,且连续供电时间不应少于20min。高度超过100m的高层建筑及人防工程连续供电时间不应少于30min。

安全照明是在正常照明故障时,能使操作人员或其他人员在危险之中确保安全而设的应急照明。这种场合一般还需设疏散应急照明。

凡在火灾时因正常电源突然中断而有导致人员伤亡的潜在危险的场所(如医院内的重要手术室、急救室等),应设安全照明。

安全照明应采用卤钨灯或采用能瞬时可靠点燃的荧光灯。

# 第五节　建筑物照明通电试验

### 一、通电试运行前检查

(1)电线绝缘电阻测试前电线的接线完成。

(2)照明箱(盘)、灯具、开关、插座的绝缘电阻测试在就位前或接线前完成。

(3)检查漏电保护器接线是否正确,严格区分工作零线(N)与专用保护零线(PE),严禁接入漏电开关。

(4)备用电源或事故照明电源做空载自动投切试验前应拆除负荷,空载自动投切试验合格,才能做有载自动投切试验。

(5)断开各回路分电源开关,合上总进线开关,检查漏电测试按钮是否灵敏有效。

(6)复查总电源开关至各照明回路进线电源开关接线是否正确。

(7)照明配电箱及回路标志应正确一致。

(8)开关箱内各接线端子连接是否正确可靠。

(9)照明系统回路绝缘电阻测试合格后方可进行通电试验,绝缘电阻不小于 $0.5M\Omega$。

### 二、分回路试通电

(1)将各回路灯具等用电设备开关全部置于断开位置。

(2)逐次合上各分回路电源开关。

(3)分回路逐次合上灯具等的控制开关,检查开关与灯具控制顺序是否对应、风扇的转向及调速开关是否正常。

(4)用试电笔检查各插座相序连接是否正确,带开关插座的开关是否能正确关断相线。

### 三、故障检查整改

(1)发现问题应及时排除,不得带电作业。

(2)对检查中发现的问题应采取分回路隔离排除法予以解决。

(3)如有开关送电时漏电保护就跳闸的现象,重点检查工作零线与保护零线是否混接、导线是否绝缘不良。

### 四、系统通电连续试运行

公用建筑照明系统通电连续试运行时间应为 24h,民用住宅照明系统通电连续试运行时间应为 8h。所有照明灯具均应开启,且每 2h 记录运行状态 1 次,连续试运行期间无故障。

试验试运行期间应无线路过载、线路过热等故障。

# 第七章 低压电气设备安装

## 第一节 低压电动机及电动执行机构检查接线

### 一、低压电动机安装及电动执行机构检查接线

电动机、电加热器及电动执行机构三种电气装置的安装,电动机的安装技术要求比较高,此处以其为重点进行说明,电加热器及电动执行机构的安装可依据电动机相关施工要求进行。

1. 基础验收

对基础轴线、标高、地脚螺栓位置、外形几何尺寸进行测量验收,沟槽、孔洞及电缆管位置应符合设计及土建本身的质量要求。混凝土强度等级一定要符合设计要求。一般基础承重量不小于电机重量的 3 倍。基础各边应超出电机底座边缘 $100\sim150\text{mm}$。

2. 设备开箱检查

(1)设备到场后,由建设单位、监理单位、供货方及施工单位共同进行开箱检查,并做好开箱检查记录。

(2)按照设备供货清单、技术文件,对设备及其附件、备件的规格、型号、数量进行详细核对。

(3)电动机本体、控制和启动设备外观检查应无损伤及变形,油漆应完好;电动机及其附属设备均应符合设计要求。

3. 安装前的检查

(1)盘动转子不得有卡阻及异常声响。

(2)润滑脂情况应正常,无变色、变质及硬化等现象。其性能应符合电机工作条件的要求。

(3)测量滑动轴承电机的空气间隙,其不均匀度应符合产品使用的规定。若无规定时,各点空气间隙和平均空气间隙之差与平均空气间隙之比宜为 $\pm5\%$。

(4)电机的引出线接线端子焊接或压接良好,且编号齐全,裸露带电部分的电气间隙应符合产品标准的规定。

(5)绕线式电机应检查电刷的提升装置,提升装置应有"启动""运行"的标志,动作顺序应是先短路集电环,后提起电刷。

### 4. 电动机的安装

(1)电动机安装应由电工、安装钳工操作,大型电动机的安装需要有安装起重工配合进行。

(2)地脚螺栓应与混凝土基础牢固地结合成一体,浇灌前预留孔应清洗干净,螺栓本身不应歪斜,机械强度应满足要求。

(3)稳装电机垫铁一般不超过 3 块,垫铁与基础面接触应严密,电机底座安装完毕后进行二次灌浆。

(4)采用皮带传动的电动机轴及传动装置轴的中心线应平行,电动机及传动装置的皮带轮,自身垂直度全高不超过 0.5mm,两轮的相应槽应在同一直线上。

(5)采用齿轮传动时,圆齿轮中心线应平行,接触部分不应小于齿宽的 2/3;伞形齿轮中心线应按规定角度交叉,咬合程度应一致。

(6)采用靠背轮传动时,轴向与径向允许误差,弹性连接的不应小于 0.05mm,刚性连接的不大于 0.02mm。互相连接的靠背轮螺栓孔应一致,螺帽应有防松装置。

(7)电刷的刷架、刷握及电刷的安装。

1)同一组刷握应均匀排列在与轴线平行的同一直线上。

2)刷握的排列,应使相邻不同极性的一对刷架彼此错开,以使换向器均匀磨损。

3)各组电刷应调整在换向器的电气中性线上。

4)带有倾斜角的电刷,其锐角尖应与转动方向相反。

5)电刷架及其横杆应固定紧固,绝缘衬管和绝缘垫应无损伤、污垢,并应测量其绝缘电阻。

6)电刷的铜编带应连接牢固、接触良好,不得与转动部分或弹簧片相碰撞,且有绝缘垫的电刷,绝缘垫应完好。

7)电刷在刷握内应能上下自由移动,电刷与刷握的间隙应符合厂方规定,一般为 0.1~0.2mm。

(8)定子和转子分箱装运的电动机,安装转子时,不可将吊绳绑在滑环、换向器或轴颈部分。

(9)用 1000V 摇表测定电动机绝缘电阻值,不应小于 0.5MΩ。100kW 以上的电动机,应测量各相直流电阻值,相互差不应大于最小值的 2%。无中性点引出的电动机,测量线间直流电阻值,相互差值不应大于最小值的 1%。

(10)电机的换向器或集电环应符合下列要求。

1)表面应光滑,无毛刺、黑斑、油垢。当换向器的表面凹凸不平程度达到 0.2mm 时,应进行车光。

2)换向器片间绝缘应凹下 0.5~1.5mm,整流片与绕组的焊接应良好。

(11)电机接线应牢固可靠,接线方式应与供电电压相符。

(12)电动机安装后,应用手盘动数圈进行转动试验。

(13)电动机外壳保护接地(或接零)必须良好。

5.抽芯检查

(1)除电动机随带技术文件说明不允许在施工现场抽芯检查外,当电机有下列情况之一时,应做抽芯检查。

1)出厂日期超过制造厂保证期限。

2)当制造厂无保证期限时,出厂日期已超过一年。

3)经外观检查或电气试验,质量可疑时。

4)开启式电机经端部检查可疑时。

5)试运转时有异常情况。

(2)抽芯检查应符合下列要求。

1)电机内部清洁无杂物。

2)电机的铁芯、轴颈、集电环和换向器应清洁,无伤痕和锈蚀现象,通风口无堵塞。

3)绕组绝缘层应完好,绑线无松动现象。

4)定子槽楔应无断裂、凸出和松动现象,每根槽楔的空响长度不得超过其 1/3,端部槽楔必须牢固。

5)转子的平衡块及平衡螺丝应紧固锁牢,风扇方向应正确,叶片无裂纹。

6)磁极及铁轭固定良好,励磁绕组紧贴磁极,不应松动。

7)鼠笼式电机转子铜导电条和端环应无裂纹,焊接应良好;浇铸的转子表面应光滑平整;导电条和端环不应有气孔、缩孔、夹渣、裂纹、细条、断条和浇铸不满等现象。

8)电机绕组应连接正确,焊接良好。

9)直流电机的磁极中心线与几何中心线应一致。

10)电机的滚动轴承工作面应光滑清洁,无麻点、裂纹或锈蚀,滚动体与内外圈接触良好,无松动。加入轴承内的润滑脂应填满内部空隙的 2/3,同一轴承内不得填入不同品种的润滑脂。

**6. 电机干燥**

(1)电机由于运输、保存或安装后受潮,绝缘电阻或吸收比达不到相关规范要求,应进行干燥处理。在进行电机干燥前,应根据电机受潮情况编制干燥方案。

(2)烘干温度要缓慢上升,中、小型温升速度为 $7\sim15℃/h$,铁芯和线圈的最高温度应控制在 $80℃$。

(3)当电动机绝缘电阻值达到规范要求时,在同一温度下经 5h 稳定不变时,方可认为干燥完毕。

(4)干燥方法。

1)电阻器干燥法:在大型电机下面的通风道内放置电阻箱,通风加热干燥电机。

2)灯泡照射干燥法:灯泡采用红外线灯泡或一般灯泡,把转子取出来,把灯泡放在定子内,通电照射。温度高低的调节可用改变灯泡瓦数来实现。

3)电流干燥法:采用低电压,用变阻器调节电流,其电流大小宜控制在电机额定电流的 60% 以内,并用测温计随时监测干燥温度。

**7. 控制、启动和保护设备安装**

(1)电机在控制和保护设备安装前应检查是否与电机容量相符,安装按设计要求进行,一般应装在电机附近。

（2）引至电动机接线盒的明敷导线长度应小于 0.3m,并应加强绝缘保护,易受机械损伤的地方应套保护管。

（3）直流电动机、同步电动机与调节电阻回路及励磁回路的连接,应采用铜导线,导线不应有接头。调节电阻器应接触良好,调节均匀。

（4）电动机应装设过流和短路保护装置,并应根据设备需要装设相序断相和低电压保护装置。

（5）电动机保护元件的选择。

1）采用热元件时按电动机额定电流的 1.1～1.25 倍来选。

2）采用熔丝（片）时按电动机额定电流的 1.5～2.5 倍来选。

**8. 试运行前的检查**

（1）土建工程全部结束,现场清扫整理完毕。

（2）电机本体安装检查结束,启动前应进行的试验项目已按国家标准《电气装置安装工程　电气设备交接试验标准》(GB 50150—2016)试验合格。

（3）冷却、调速、润滑、水、氢、密封油等附属系统安装完毕,验收合格,分部试运行情况良好。

（4）电动机的保护、控制、测量、信号、励磁等回路的调试完毕,动作正常。

（5）测定电机定子绕组、转子绕组及励磁回路的绝缘电阻,应符合相关要求;有绝缘的轴承座的绝缘板、轴承座及台板的接触面应清洁干燥,使用 1000V 兆欧表测量,绝缘电阻值不得小于 0.5M$\Omega$。

（6）电刷与换向器或集电环的接触应良好。

（7）盘动电机转子应转动灵活,无碰卡现象。

（8）电机引出线应相序正确,固定牢固,连接紧密。

（9）电机外壳油漆应完整,接地良好。

（10）照明、通讯、消防装置应齐全。

**9. 试运行**

（1）电动机宜在空载情况下做第一次启动,空载运行时间宜为 2h,并记录电机的空载电流。

(2)电动机试运行通电后,如发现电动机不能启动或启动时转速很低、声音不正常等现象,应立即断电检查原因。

(3)启动多台电动机时,应按容量从大到小逐台启动,严禁同时启动。

(4)电机试运行中应进行下列检查。

1)电机的旋转方向符合要求,无异声。

2)换向器、集电环及电刷的工作情况正常。

3)检查电机各部分温度,不应超过产品技术条件的规定。

4)滑动轴承温度不应超过 80℃,滚动轴承温度不应超过 95℃。

5)电机振动的双倍振幅值不应大于表 7-1 的规定。

表 7-1　　　　　　　　　　电机振动的双倍振幅值

| 同步转速/(r/min) | 3000 | 1500 | 1000 | 750 及以下 |
|---|---|---|---|---|
| 双倍振幅值/mm | 0.05 | 0.085 | 0.10 | 0.12 |

(5)交流电动机的带负荷启动次数,应符合产品技术条件的规定;当产品技术条件无规定时,可符合下列规定。

1)在冷态时,可启动 2 次。每次间隔时间不得小于 5min。

2)在热态时,可启动 1 次。当在处理事故以及电动机启动时间不超过 3s 时,可再启动 1 次。

(6)电机在验收时,应提交下列资料和文件。

1)变更设计部分的实际施工图。

2)设计变更单。

3)厂方提供的产品说明书、检查及试验记录、合格证及安装使用图纸等技术文件。

4)安装验收记录、签证和电机抽芯检查及干燥记录等。

5)调整试验记录及报告。

## 二、低压电气动力设备试验和试运行

1. 电动机及附属设备的试验调整和试运行

(1)交流电动机的试验调整项目内容。

1)测量绕组的绝缘电阻和吸收比。

2)测量绕组的直流电阻。

3)定子绕组的直流耐压试验和泄漏电流测量。

4)定子绕组的耐压试验。

5)绕线式电动机转子绕组的交流耐压试验。

6)同步电动机转子绕组的交流耐压试验。

7)测量可变电阻器、启动电阻器、灭磁电阻器的绝缘电阻。

8)测量可变电阻器、启动电阻器、灭磁电阻器的直流电阻。

9)测量电动机轴承的绝缘电阻。

10)检查定子绕组极性及其连接的正确性。

11)电动机空载转动检查和空载电流测量。

电压 1000V 以下、容量 100kW 以下的电动机,可按本款第 1)、7)、10)、11)项进行试验。

(2)试验标准。

1)测量绕组的绝缘电阻和吸收比,应达到以下要求。

①额定电压为 1000V 以下,常温绝缘电阻值不应低于 0.5MΩ。

②额定电压为 1000V 以上,在运行温度下的绝缘电阻值,定子绕组不应低于 $1M\Omega/kV$;转子绕组不应低于 $0.5M\Omega/kV$。

③1000V 以上的电动机应测量吸收比。吸收比不应低于 1.2,中性点可拆开的应分相测量。

2)测量绕组的直流电阻,1000V 以上或 100kW 以上的电动机各相绕组直流电阻值相互差别不应超过其最小值的 2%,中性点引出的电动机可测量线间直流电阻,其相互差别不应超过最小值的 1%。

3)定子绕组直流耐压试验和泄漏电流测量。1000V 以上及 100kW 以上、中性点连线已引出至线端子板的定子绕组应分相进行直流耐压试验。试验电压为定子绕组额定电压的 3 倍。在规定的试验电压下,各相泄漏电流值不应大于最小值的 100%。当最大泄漏电流在20μA以下时,各相间无明显差别。试验时按以下要求进行。

①试验电压为电机额定电压的 3 倍。

②试验电压按每级 0.5 倍额定电压分阶段升高,每阶段停留 60s,并记录泄漏电流。在规定的试验电压下,各相泄漏电流的差别不应大于最小值的 50%,当最大泄漏电流在 20μA 以下,各相间差值与出厂试

验值比较不应有明显差别。泄漏电流不应随时间延长而增大。泄漏电流随电压不成比例地显著增长时,应及时分析。

③氢冷电机必须在充氢前或排氢后且含氢量在3%以下时进行试验,严禁在置换过程中进行试验。

④水内冷电机试验时,宜采用低压屏蔽法。

4)定子绕组交流耐压试验电压按表7-2确定。

表 7-2　　　　　　　定子绕组交流耐压试验电压

| 额定电压/V | | | 试验电压/V | | |
|---|---|---|---|---|---|
| 3 | 6 | 10 | 5 | 10 | 16 |

5)绕线式电动机的转子绕组交流耐压试验电压,按表7-3进行。

表 7-3　　　　　　绕线式电动机绕组交流耐压试验电压

| 转 | 试验电压/V | 备　　注 |
|---|---|---|
| 不可逆的 | 1.5Uk+750 | Uk为转子静止时,在定子绕组上施加额定电压,转子绕组开路时测得的电压 |
| 可逆的 | 3.0Uk+750 | |

6)同步电动机转子绕组的交流耐压试验电压为额定励磁电压的7.5倍,且不低于1200V,但不应高于出厂试验电压值的75%。

7)可变电阻器、启动电阻器、灭磁电阻器的绝缘电阻值,当与回路一起测量时,绝缘电阻值不应低于0.50MΩ。

8)测量可变电阻器、启动电阻器、灭磁电阻器的直流电阻值,与产品出厂数值比较,其差值不应超过10%。调节过程中应接触良好,无开路现象,电阻值的变化应有规律。

9)测量电动机轴承的绝缘电阻,当有油管连接时,应在油管安装后,采用1000V兆欧表测量,绝缘电阻值不应低于0.50MΩ。

10)检查定子绕组的极性及其连接应正确。中性点未引出者可不检查极性。

11)电动机空载传动检查的运行时间为2h,并记录电动机的空载电流。当电动机与其机械部分的连接不易拆开时,可连在一起进行空载等转动检查试验。

（3）试运行前的检查内容。

1）土建工程全部结束，现场清扫整理完毕。

2）电机本体安装检查结束，质量验收合格。

3）冷却、调速、润滑等附属系统安装完毕，施工质量验收合格。

4）电机的保护、控制、测量、信号、励磁等回路的调试完毕，动作正常。

5）电动机应做的试验按照第（2）条相关要求进行。

6）电刷与转向器或滑环的接触应良好。

7）扳动电机转子应转动灵活，无碰卡现象。

8）电机引出线相位正确，固定牢固，连接紧密。

9）电动机外壳油漆完整，保护接地良好。

10）照明、通讯、消防装置应齐全。

（4）试运行及验收。

1）经运行交试验调整和运行前的检查全部符合要求后，就可进行试运行。

2）电动机试运行一般应在空载的情况下进行，空载运行时间为 2h，并做电动机空载电流、电压记录。

3）电动机接通电源后，如发现电动机不能启动和启动时转速很低或者声音不正常等现象，应立即切断电源检查原因。

4）启动多个电动机时，应按容量从大到小逐台启动，不能同时启动。

5）电动机试运行中应进行下列检查。

①检查电机的旋转方向是否符合要求，声音应正常。

②检查换向器、滑环及电刷的工作情况是否正常。

③检查电动机的温度，不应有过热现象。

④检查滑动轴承温升，不应超过 45℃，滚动轴承温升不应超过 60℃。

⑤检查电动机的振动是否符合要求。

6）交流电动机带负荷启动次数应尽量减少，如产品无规定时，按在冷态时可连续启动 2 次，在热态时，可连续启动 1 次确定。

# 第二节 隔离开关、负荷开关安装

## 一、隔离开关安装

隔离开关是在无负载情况下切断电路的一种开关,起隔离电源的作用,根据极数分为单极和三极;根据装设地点分为室内型和室外型。

室内三极隔离开关由开关本体和操作机构组成;常用的隔离开关本体有 GN 型,操作机构为 GS6 型手动操作机构,隔离开关的安装如图 7-1 所示。

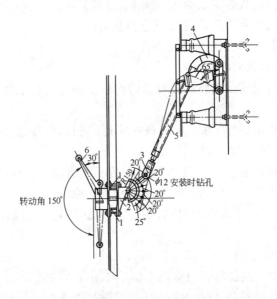

**图 7-1 10kV 隔离开关及操作机构在墙上的安装图**

1—角钢;2—操作机构;3—直联接头;

4—弯联接头;5—操作拉杆;6—操作手柄

### 1. 外观检查

安装隔离开关前,应按下列要求进行检查清理:

(1)隔离开关的型号及规格应与设计施工图相符;

(2)接线端子及闸门触头应清洁,并且接触良好(可用 0.05mm×

10mm 的塞尺检查触头刀片的接触情况),触头如有铜氧化层,应使用细纱布擦净,然后涂上凡士林油;

(3)绝缘子表面应清洁,无裂纹、无破损、无焊接残留斑点等缺陷,瓷体与铁件的粘接部位应牢固;

(4)隔离开关底座转动部分应灵活;

(5)零配件应齐全、无损坏,刀开关触头无变形,连接部分应紧固,转动部分应涂以适合当地环境与气候条件的润滑油;

(6)用 1000V 或 2500V 兆欧表测量开关的绝缘电阻,10kV 隔离开关的绝缘电阻值应在 80～1000MΩ 之间。

### 2. 隔离开关的安装

隔离开关经检查无误后,即可进行安装。

(1)预埋底脚螺栓:隔离开关装设在墙上时,应先在墙上划线,按固定孔的尺寸预埋好底脚螺栓;装设在钢构架上时,应先在构架上钻好孔眼,装上紧固螺栓。

(2)本体吊装固定:用人力或滑轮吊装,把开关本体安放于安装位置,然后对正底脚螺栓,稍拧紧螺母,用水平尺和线锤进行位置校正后将固定螺母拧紧。在吊装固定时,注意不要使本体瓷件和导电部分遭受机械碰撞。

(3)操作机构安装:将操作机构固定在预埋好的支架上,并使其扇形板与隔离开关上的转动拐臂(弯联接头)在同一垂直平面上。

(4)安装操作连杆:连杆连接前,应将弯联接头连接在开关本体的转动轴上,直联接头连接在操作机构扇形板的舌头上,然后把调节元件拧入直联接头。操作连杆应在开关和操作机构处于合闸位置装配,先测出连杆的长度,然后下料。连杆一般采用 $\phi20mm$ 的黑铁管制作,加工好后,两端分别与弯联接头和调节元件进行焊接。

(5)接地:连接开关安装后,利用开关底座和操作机构外壳的接地螺栓,将接地线(如裸铜线)与接地网连接起来。

### 3. 整体调试

开关本体、操作机构和连杆安装完毕后应对隔离开关进行调试。

(1)第一次操作开关时,应缓慢做合闸和分闸试验。合闸时,应观察可动触刀有无旁击,如有旁击现象,可改变固定触头的位置使可动触刀刚好插入静触头内。插入的深度不应小于90%,但也不应过大,以免合闸时冲击绝缘子的端部。动触刀与静触头的底部应保持3~5mm的间隙,否则应调整直联接头而改变拉杆的长度,或调节开关轴上的制动螺钉,以改变轴的旋转角度,来调整动触刀插入的深度。

(2)调整三相触刀、合闸的同步性(各相前后相差值应符合产品的技术规定,一般不得大于3mm)时,可借助于调整升降绝缘子连接螺钉的长度,来改变触刀的位置,使得三相触刀同时投入。

(3)开关分闸后其触刀的张开角度也应符合制造厂产品的技术规定。如无规定时,可参照图7-2和表7-4所示数值进行校验,如不符合要求,应调整操作连杆的长度,或改变在舌头扇形板上的位置。

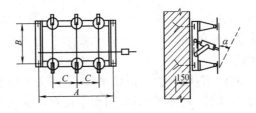

图 7-2　隔离开关安装尺寸图

表 7-4　　　　　　　　　　　隔离开关安装尺寸表

| 隔离开关型号 | 尺寸/mm | | | $\alpha/(°)$ |
| --- | --- | --- | --- | --- |
| | $A$ | $B$ | $C$ | |
| GN2-6/400~600 | 580 | 280 | 200 | 41 |
| GN2-10/400~600 | 680 | 350 | 250 | 37 |
| GN2-10/1000~2000 | 910 | 346 | 350 | 37 |
| GN2-6/200~400~600 | 546 | 280 | 200 | 65 |
| GN2-10/200~400~600 | 646 | 280 | 250 | 65 |
| GN2-10/100 | 646 | 280 | 250 | 65 |

(4)调整触刀两边的弹簧压力,保证动、静触头有紧密的接触面。此时一般用0.05mm×10mm的塞尺进行检验,其具体要求:对线接触的隔离开关,塞尺应塞不进去;而对面接触的隔离开关,塞尺插入的深

度不应超过 4mm(接触面宽度≤50mm)或 6mm(接触面宽度≥60mm)。

(5)如隔离开关带有辅助接头时,可根据情况改变耦合盘的角度进行调整。要求常开辅助触头应在开关合闸行程的 80%～90%闭合,常闭触头应在开关分闸行程的 75%断开。

(6)开关操作机构的手柄位置应正确,合闸时手柄应朝上,分闸时手柄应朝下。合闸时操作完毕后其弹性机械锁销(弹性闭锁销)应自动进入手柄末端的定位孔中。

(7)开关调整完毕后,应将操作机构的螺栓全部固定,将所有开口销子分开,然后进行多次的分合闸操作,在操作过程中再详细检查是否有变形和失调现象。调试合格后,再将开关的开口销子全部打入,并将开关的全部螺栓、螺母紧固可靠。

**二、负荷开关安装**

负荷开关是带负载情况下闭合或切断电路的一种开关,常用的室内负荷开关有 FN2 和 FN3 型,这类开关采用了由开关传动机构带动的压气装置,分闸时喷出压缩空气将电弧吹熄。它灭弧性能好,断流容量大,安装调整方便,目前已被广泛采用。FN2-10R 型负荷开关,带有RN1 型熔断器,可代替断路器作过载及短路保护使用,其常用的操作机构有手动的 CS4 型或 CS4-T 型。手动操作的负荷开关外形及安装尺寸如图 7-3 所示。

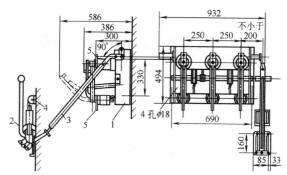

**图 7-3　FN2-10 型负荷开关和 CS4-T 型操作机构外形及安装尺寸**
1—负荷开关;2—操作机构;3—操作拉杆;4—组合开关;5—接线板

FN2 型负荷开关是三级联动式开关,与普通隔离开关很相似,不同之处是多了一套灭弧装置和快速分断机构。它由支架、传动机构、支持绝缘子、闸刀及灭弧装置等主要部分组成。其检查、安装调试与隔离开关大致相同,但调整负荷开关时还应符合下列要求。

(1)负荷开关合闸时,辅助(灭弧)闸刀先闭合,主闸刀后闭合;分闸时,主闸刀先断开,辅助(灭弧)闸刀后断开。

(2)灭弧筒内的灭弧触头与灭弧筒的间隙应符合要求。

(3)合闸时,刀片上的小塞子应正好插入灭弧装置的喷嘴内,并避免将灭弧喷嘴碰坏,否则应及时处理。

(4)三相触头的不同时性不应超过 3mm,分闸状态时,触头间距及张开的角度应符合产品的技术规定,否则应按隔离开关的调整方法进行调整。

(5)带有熔断器的负荷开关在安装前应检查熔断器的额定电流是否与设计相符。

# 第三节　熔断器安装

## 一、低压熔断器安装

### 1. 熔断器的作用

熔断器是在低压线路及电气设备控制电路中,用作过载和短路保护的电器。它串联在线路里,当线路或电气设备发生短路或过载时,熔断器中的熔体首先熔断,使线路或电气设备首先脱离电源,从而起到保护作用,是一种保护电器。它具有结构简单、价格便宜、使用和维护方便、体积小、重量轻、应用广泛的特点。目前常用的熔断器有以下几种。

(1)瓷插熔断器:RC1A 型瓷插熔断器的外形结构及符号如图 7-4 所示。

瓷盖和瓷底均用电工瓷制成,电源线及负载线可分别接在瓷底两端的静触头上。瓷底座中间有一空腔,与瓷盖突出部分构成灭弧室。表 7-5 是 RC1A 型瓷插熔断器的技术数据。

表 7-5                                 RC1A 型瓷插式熔断器技术数据

| 型 号 | 额定电压 /V | 熔体额定电流 /A | 极限分断能力 | |
|---|---|---|---|---|
| | | | 电流/A | 功 率 因 数 |
| RC1A-5 | | 1,2,3,5 | 750 | 0.8 |
| RC1A-10 | | 2,4,6,10 | 750 | 0.8 |
| RC1A-15 | | 6,10,15 | 1000 | 0.8 |
| RC1A-30 | 380 | 15,20,25,30 | 4000 | 0.8 |
| RC1A-60 | | 30,40,50,60 | 4000 | 0.5 |
| RC1A-100 | | 60,80,100 | 5000 | 0.5 |
| RC1A-200 | | 100,120,150,200 | 5000 | 0.5 |

(2)螺旋式熔断器:图 7-5 是 RL1 系列螺旋式熔断器的外形结构图。

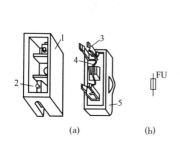

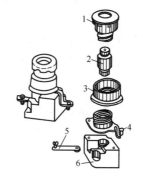

图 7-4 瓷插熔断器

(a)外形结构;(b)符号

1—底座;2—静触头;3—动触头;

4—熔丝;5—瓷盖

图 7-5 螺旋式熔断器

1—瓷帽;2—熔断管;3—瓷套;

4—上接线端;5—下接线端;6—座子

在螺旋式熔断器的熔断管内,除了装熔丝外,在熔丝周围填满了石英砂,起熄灭电弧的作用。熔断管的上端有一小红点,熔丝熔断后红点自动脱落,瓷帽上有螺纹,将螺母连同熔管一起拧进瓷底座,熔丝使电路接通。

在装接时,用电设备的连接线接到连接金属螺纹壳的上接线端,电源线接到瓷底座上的下接线端,这样在更换熔丝时,旋出瓷帽后,螺纹壳上不会带电,很安全。表 7-6 是 RL1 型螺旋式熔断器的技术数据。

表 7-6 RL1 型螺旋式熔断器技术数据

| 型 号 | 额定电压 /V | 熔体额定电流 /A | 极限分断能力 | |
|---|---|---|---|---|
| | | | 电流/A | 功 率 因 数 |
| RL1-15<br>RL1-60 | 380 | 2,4,5,6,10,15<br>20,25,30,<br>35,40,50,60 | 25000 | 0.35 |
| RL1-100<br>RL1-200 | 380 | 60,80,100<br>120,125,150,200 | 50000 | 0.25 |

(3)无填料密封管式熔断器:RM10 型熔断器由纤维熔管,熔点420℃、性能稳定的变截面的锌熔片和触头底座等组成,其结构如图 7-6 所示。其熔片冲制成若干宽窄不一的变截面,目的在于改善熔断器的保护特性。在短路时,熔片的窄部首先熔断,过电压再击穿,又在窄处熔断,形成 $n$ 段串联电弧,迅速拉长电弧,使电弧较易熄灭。表 7-7 列出了 RM10 型熔断器的主要技术数据。

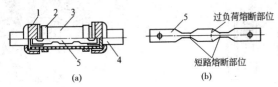

图 7-6 RM10 型熔断器

(a)熔管;(b)熔片

1—铜管帽;2—管夹;3—纤维熔管;4—触刀;5—变截面锌熔片

表 7-7 RM10 型熔断器的主要技术数据

| 型 号 | 熔管额定电压 /V | 额定电流/A | | 最大分断电流 /kA |
|---|---|---|---|---|
| | | 熔管 | 熔 体 | |
| RM10-15 | 交流<br>220,380,500<br>直流<br>220,440 | 15 | 6,10,15 | 1.2 |
| RM10-60 | | 60 | 15,20,25,35,45,60 | 3.5 |
| RM10-100 | | 100 | 60,80,100 | 10 |
| RM10-200 | | 200 | 100,125,160,200 | |
| RM10-350 | | 350 | 200,225,260,300,350 | |
| RM10-600 | | 600 | 350,430,500,600 | |

（4）有填料密封管式熔断器：RT0 型熔断器结构组成如图 7-7 所示。

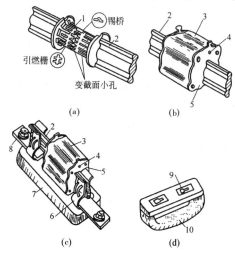

图 7-7　RT0 型熔断器

(a)熔体；(b)熔管；(c)熔断器；(d)绝缘操作手柄

1—栅状熔熔体；2—触刀；3—瓷熔管；4—熔断指示器；5—端面盖板；

6—弹性触座；7—底座；8—接线端子；9—扣眼；10—绝缘拉手手柄

RT0 型熔断器的栅状铜熔体具有引燃栅，这种熔断器的灭弧能力很强，具有限流特性。熔体熔断后，有红色的熔断指示器弹出，便于运行维护人员检视，表 7-8 列出了 RT0 型熔断器的主要技术数据。

表 7-8　　　　　　　　　　RT0 型熔断器的主要技术数据

| 型　号 | 熔管额定电压 /V | 额定电流/A | | 最大分断电流 /kA |
|---|---|---|---|---|
| | | 熔管 | 熔　体 | |
| RT0-100 | 交流 380 直流 440 | 100 | 30,40,50,60,80,100 | 50 |
| RT0-200 | | 200 | (80,100),120,150,200 | |
| RT0-400 | | 400 | (150,200),250,300, 350,400 | |
| RT0-600 | | 600 | (350,400),450,500, 550,600 | |
| RT0-1000 | | 1000 | 700,800,900,1000 | |

2.熔断器的选择

熔体和熔断器只有通过正确选择,才能起到应有的保护作用,一般首先选择熔体的规格,然后再根据熔体的规格去确定熔断器的规格。

(1)熔体额定电流的选择。

1)对电炉、照明等阻性负载的短路保护,熔体的额定电流应稍大于或等于负载的额定电流。

2)对单台电动机负载的短路保护,熔体的额定电流 $I_{RN}$ 应等于 $1.5\sim2.5$ 倍电动机额定电流 $I_N$,即

$$I_{RN} = (1.5 \sim 2.5)I_N \qquad (7\text{-}1)$$

3)对多台电动机的短路保护,熔体的额定电流 $I_{RN}$ 应大于或等于其中最大容量的一台电动机的额定电流 $I_{N_{max}}$ 的 $1.5\sim2.5$ 倍,加上其余电动机额定电流的总和 $\sum I_N$,即

$$I_{RN} = (1.5 \sim 2.5)I_{N_{max}} + \sum I_N \qquad (7\text{-}2)$$

(2)熔断器的选择。

1)熔断器的额定电压必须大于或等于线路的工作电压。

2)熔断器的额定电流必须大于或等于所装熔体的额定电流。

3.熔断器的安装

(1)总开关熔断器熔体的额定电流应与进户线的总熔体相配合,并尽量接近被保护线路的实际负荷电流,但要确保正常情况下出现短时间尖峰负荷电流时,熔体不应熔断。

(2)采用熔断器保护时,熔断器应装在各相上;单相线路的中性线也应装熔断器;在线路分支处应加装熔断器。但在三相四线回路中的中性线上不允许装熔断器;采用接零保护的零线上严禁装熔断器。

(3)熔断器应垂直安装,以保证插刀和刀夹座紧密接触,避免增大接触电阻,造成温度升高而发生误动作。

(4)更换熔体时,一定要先切断电源,不允许带负荷拔出熔体,特殊情况也应当设法先切断回路中的负荷,并做好必要的安全措施。

二、高压熔断器安装

高压熔断器底座的固定与隔离开关类同,此外,安装后还应满足:

（1）带钳口的熔断器，熔丝应紧紧地插入钳口内；

（2）装有动作指示器的，指示器应朝下，以便检查熔断器的动作情况；

（3）户外自动跌落式熔断器的熔管轴线应与铅垂线成 20°～30°角，其转动部分应灵活，安装熔管时，应将带纽扣的熔丝锁紧熔管下端的活动关节，如图 7-8 所示。

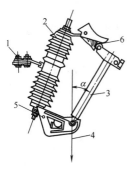

**图 7-8　RW3-10 型自动跌落式熔断器安装角度**
1—固定螺栓；2—绝缘子；3—熔管；4—铅垂线；
5—旋转轴；6—活动触角 $\alpha=20°～30°$

# 第八章 防雷与接地安装

## 第一节 建筑物防雷

### 一、防直击雷装置

雷电直接击中建筑物或其他物体,对其放电,这种雷击称为直击雷。

防直击雷的主要措施是装设避雷针、避雷带、避雷网、避雷线。这些设备又称接闪器,即在防雷装置中,用以接受雷云放电的金属导体。

1. 避雷针

避雷针通常采用镀锌圆钢或镀锌钢管制成,上部制成针尖形状。所采用的圆钢或钢管的直径不小于下列数值。

当针长为 1m 以下时,圆钢为 12mm,钢管为 20mm;

当针长为 1～2m 时,圆钢为 16mm,钢管为 25mm;

烟囱顶上的避雷针,圆钢为 20mm。

避雷针安装要求如下。

(1)避雷针一般安装在支柱(电杆)上或其他构架、建筑物上。

(2)避雷针下端必须可靠地经引下线与接地体连接,可靠接地。引下线一般采用圆钢或扁钢,其尺寸不小于下列数值:圆钢直径 8mm;扁钢截面积 48mm$^2$,厚度 4mm。所用的圆钢或扁钢均需镀锌。引下线的安装路径应短直,其紧固件及金属支持件均应镀锌。引下线距地面 1.7m 处开始至地下 0.3m 一段应加塑料管或钢管保护。

(3)接地电阻不大于 10Ω。

(4)装设避雷针的构架上不得架设低压线或通讯线。

(5)避雷针及其接地装置不能装设在人、畜经常通行的地方,距道路应 3m 以上,否则要采取保护措施。与其他接地装置和配电装置之间要保持规定距离:地面上不小于 5m;地下不小于 3m。

2. 避雷带、避雷网

避雷带、避雷网普遍用来保护建筑物免受直击雷和感应雷。

避雷带是沿建筑物易受雷击部位(如屋脊、屋檐、屋角等处)装设的带形导体。避雷网是屋面上纵横敷设的避雷带组成的网络,网格大小按有关规范确定,对于防雷等级不同的建筑物,其要求不同。

避雷带一般采用镀锌圆钢或镀锌扁钢制成,其尺寸不小于下列数值:圆钢直径为 8mm;扁钢截面积 48mm²,厚度 4mm。装设在烟囱顶端的避雷环,一般采用镀锌圆钢或镀锌扁钢,圆钢直径不得小于 12mm;扁钢截面积不得小于 100mm²,厚度不得小于 4mm。避雷带(网)距屋面一般 100~150mm,支持支架间隔距离一般为 1~1.5m。支架固定在墙上或现浇的混凝土支座上。引下线采用镀锌圆钢或镀锌扁钢。圆钢直径不小于 8mm;扁钢截面积不小于 48mm²,厚度为 4mm。引下线沿建(构)筑物的外墙明敷,固定于埋设在墙里的支持卡子上。支持卡子的间距为 1.5m。也可以暗敷,但引下线截面积应加大。引下线一般不少于两根,对于第三类工业,第二类民用建(构)筑物,引下线的间距一般不大于 30m。

采用避雷带时,屋顶上任何一点距离避雷带不应大于 10m。当有 3m 及以上平行避雷带时,每隔 30~40m 宜将平行的避雷带连接起来。屋顶上装设多支避雷针时,两针间距离不宜大于 30m。屋顶上单支避雷针的保护范围可按 60°保护角确定。

3. 避雷线

避雷线架设在架空线路上,以保护架空线路免受雷击。由于避雷线既要架空又要接地,所以避雷线又叫架空地线。

避雷线一般用截面积不小于 35mm² 的镀锌钢绞线。根据规定,220kV 及以上架空电力线路应沿全线架设避雷线;110kV 架空电力线路一般也是沿全线架设避雷线;35kV 及以下电力架空线路,一般不沿全线架设避雷线。有避雷线的线路,每基杆塔不连避雷线的工频接地电阻,在雷季干燥时,不宜超过表 8-1 所列数值。

表 8-1　　　　　　　　　　避雷线工频接地电阻

| 土壤电阻率 /(Ω·m) | 100 及以下 | 100 以上至 500 | 500 以上至 1000 | 1000 以上至 2000 | 2000 以上 |
|---|---|---|---|---|---|
| 接地电阻/Ω | 10 | 15 | 20 | 25 | 30* |

注:* 如土壤电阻率很高,接地电阻很难降低到 30Ω 时,可采用 6~8 根总长度不超过 500m 的放射形接地体,或连续伸长接地体,其接地电阻不受限制。

### 二、防雷电侵入波装置

由于输电线路上遭受雷击,高压雷电波便沿着输电线侵入变配电所或用户,击毁电气设备或造成人身伤害,这种现象称雷电波侵入。避雷器用来防止雷电波的高电压沿线路侵入变配电所或其他建筑物内,损坏被保护设备的绝缘。它与被保护设备并联,见图 8-1。

当线路上出现危及设备绝缘的过电压时,避雷器就对地放电,从而保护设备。避雷器有阀型避雷器、管型避雷器、氧化锌避雷器。

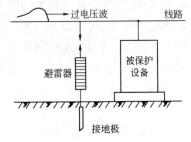

**图 8-1 避雷器的连接**

1. 阀型避雷器安装

(1)安装前应检查其型号规格是否与设计相符;瓷件应无裂纹、破损;瓷套与铁法兰间的结合应良好;组合元件应经试验合格,底座和拉紧绝缘子的绝缘应良好。

(2)阀型避雷器应垂直安装,每个元件的中心线与避雷器安装点中心线的垂直偏差不应大于该元件高度的 1.5%,如有歪斜,可在法兰间加金属片校正,但应保证其导电良好,并把缝隙垫平后涂以油漆。均压环应安装水平,不能歪斜。

(3)拉紧绝缘子串必须紧固,弹簧应能伸缩自如,同相绝缘子串的拉力应均匀。

(4)放电记录器应密封良好、动作可靠,安装位置应一致,且便于观察;安装时,放电记录器要恢复至零位。

(5)50kV 以下变配电所常用的阀型避雷器,体积较小,一般安装在墙上或电杆上。安装在墙上时,应有金属支架固定;安装在电杆上时,应有横担固定。金属支架、横担应根据设计要求加工制作,并固定牢固。避雷器的上部端子一般用镀锌螺栓与高压母线连接,下部端子接到接地引下线上,接地引下线应尽可能短而直,截面积应按接地要求和规定选择。

2. 管型避雷器安装

(1)一般管型避雷器用在线路上,在变配电所内一般用阀型避雷器。

（2）安装前应进行外观检查：绝缘管壁应无破损、裂痕；漆膜无脱落；管口无堵塞；配件齐全；绝缘应良好，试验应合格。

（3）灭弧间隙不得任意拆开调整，其喷口处的灭弧管内径应符合产品技术规定。

（4）安装时应在管体的闭口端固定，开口端指向下方。倾斜安装时，其轴线与水平方向的夹角：普通管型避雷器应不小于15°；无续流避雷器应不小于45°；装在污秽地区时，还应增大倾斜角度。

（5）避雷器安装方位，应使其排出的气体不致引起相间或对地短路或闪络，也不得喷及其他电气设备。避雷器的动作指示盖向下打开。

（6）避雷器及其支架必须安装牢固，防止反冲力使其变形和移位，同时应便于观察和检修。

（7）无续流避雷器的高压引线与被保护设备的连接线长度应符合产品的技术规定。

**3. 氧化锌避雷器**

氧化锌避雷器动作迅速，通流量大，伏安特性好，残压低，无续流，因此，使用很广，其安装要求与阀型避雷器相同。

**三、防感应雷装置**

由于雷电的静电感应或电磁感应引起的危险过电压，称之为感应雷。感应雷产生的感应过电压可高达数十万伏。

为防止静电感应产生的高压，一般是在建筑物内，将金属敷埋设备、金属管道、结构钢筋予以接地，使感应电荷迅速入地，避免雷害。根据建筑物的不同屋顶，采取相应的防止静电感应措施，例如金属屋顶，将屋顶妥善接地；对于钢筋混凝土屋顶，将屋面钢筋焊成6～12m网格，连成通路，并予以接地；对于非金属屋顶，在屋顶上加装边长6～12m的金属网格，并予以接地。屋顶或屋顶上的金属网格的接地不得少于2处，其间距不得大于30m。

防止电磁感应引起的高电压，一般采取以下措施。

（1）对于平行金属管道相距不到100mm时，每20～30m用金属线跨接；交叉金属管道相距不到100mm时，也用金属线跨接；

(2)管道与金属设备或金属结构之间距离小于 100mm 时,也用金属线跨接;在管道接头、弯头等连接部位也用金属线跨接,并可靠接地。

# 第二节　接地装置安装

## 一、接地装置

电气接地一般可分成两大类:工作接地和保护接地。所谓工作接地是指为了保证电气设备在系统正常运行和发生事故情况下能可靠工作而进行的接地。如 380/220V 配电网络中的配电变压器中性点接地就是工作接地,这种配电变压器假如中性点不接地,那当配电系统中一相导线断线,其他两相电压就会升高 $\sqrt{3}$ 倍,即 220V 变为 380V,这样就会损坏用电设备;还有像避雷针、避雷器的接地也是工作接地,假如避雷针、避雷器不接地或接地不好,则雷电流就不能向大地通畅泄放,这样避雷针、避雷器就不能起防雷保护作用。所以工作接地是指为了保证电气设备安全可靠工作必须的接地。所谓保护接地是指为了保证人身安全和设备安全,将电气在正常运行中不带电的金属部分可靠接地,这样可防止电气设备绝缘损坏或其他原因使外壳等金属部分带电时发生人身触电事故。

无论哪种接地,接地必须良好,接地电阻必须满足规定要求。一般接地通过接地装置来实施。接地装置包括接地体和接地线两部分。其中,接地体是埋入地下,直接与土壤接触的金属导体,有自然接地体和人工接地体两种。自然接地体是指兼作接地用的直接与大地接触的各种金属管道(输送易燃、易爆气体或液体的管道除外)、金属构件、金属井管、钢筋混凝土基础等。人工接地体是指人为埋入地下的金属导体,如 50mm×50mm×5mm 镀锌角钢、$\phi$50mm 镀锌钢管等。接地线是指电气设备需接地的部分与接地体之间连接的金属导线。有自然接地线和人工接地线两种。自然接地线如建筑物的金属结构(金属梁、柱等),生产用的金属结构(吊车轨道、配电装置的构架等),配线的钢管,电力电缆的铅皮,不会引起燃烧、爆炸的所有金属管道。人工接地线一般都采用扁钢或圆钢制作。

接地装置的导体截面,应符合热稳定和机械强度的要求,且不应小于表 8-2 所列规格。

**表 8-2　　　　　钢接地体和接地线的最小规格**

| 种类、规格及单位 | | 地　上 | | 地　　下 |
|---|---|---|---|---|
| | | 室　内 | 室　外 | |
| 圆钢直径/mm | | 5 | 6 | 8<br>10 |
| 扁钢 | 截面积/mm² | 24 | 48 | 48 |
| | 厚度/mm | 3 | 4 | 4(6) |
| 角钢厚度/mm | | 2 | 2.5 | 4(6) |
| 钢管管壁厚度/mm | | 2.5 | 2.5 | 3.5(4.5) |

注:①表中括号内的数值指直流电力网中经常流过电流的接地线和接地体的最小规格。
②电力线路杆塔的接地体引出线的截面积不应小于 $50mm^2$,引出线应热镀锌。

图 8-2 是接地装置示意图。其中接地线分接地干线和接地支线。电气设备需接地的部分就近通过接地支线与接地网的接地干线相连接。

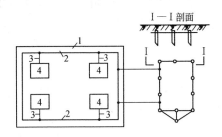

**图 8-2　接地装置示意图**
1—接地体;2—接地干线;3—接地支线;4—电气设备

## 二、人工接地体安装

### 1.垂直接地体安装

装设接地体前,需沿设计图规定的接地网的线路挖沟。由于地的表层容易冰冻,冰冻层会使接地电阻增大,且地表层容易被挖掘,会损坏接地装置。因此,接地装置需埋于地表层以下,一般埋设深度不应小于0.6m。一般挖沟深度 0.8~1m。

沟挖好后应尽快敷设接地体,接地体长度一般为 2.5m,按设计位置将接地体打入地下,当打到接地体露出沟底的长度为 150~200mm(沟深 0.8~1m)时,停止打入。然后再打入相邻一根接地体,相邻接地体之间间距不小于接地体长度的 2 倍,接地体与建筑物之间距离不能小于 1.5m。接地体应与地面垂直。接地体间连接一般用镀锌扁钢,扁钢规格和数量以及敷设位置应按设计图规定,扁钢与接地体用焊接方法连接(搭接焊,焊接长度符合规定)。扁钢应立放,这样既便于焊接,也可减小接地流散电阻。

接地体连接好后,经过检查确认接地体的埋设深度、焊接质量等均已符合要求后,即可将沟填平。填沟时应注意回填土中不应夹有石块、建筑碎料及垃圾,回填土应分层夯实,使土壤与接地体紧密接触。

2. 水平接地体安装

水平接地体多采用 $\phi$16mm 的镀锌圆钢或40mm×4mm镀锌扁钢。埋设深度一般在 0.6~1m,不能小于 0.6m。

常见的水平接地体有带形、环形和放射形,见图8-3。

带形接地体多为几根水平安装的圆钢或扁钢并联而成,埋设深度不小于0.6m,其根数及每根长度按设计要求。

带形　　　环形　　　放射形

图 8-3　常见的水平接地体

环形接地体用圆钢或扁钢焊接而成,水平埋设于地下 0.7m 以上。其直径大小按设计规定。

放射形接地体的放射根数一般为 3 根或 4 根,埋设深度不小于0.7m,每根长度按设计要求。

3. 接地线安装

人工接地线材料一般都采用圆钢或扁钢。只有移动式电气设备和采用钢质导线在安装上有困难的电气设备,才采用有色金属作为人工接地线,但禁止使用裸铝导线作接地线。接地干线采用扁钢时,截面不小于 4mm×12mm,采用圆钢时直径不小于 6mm。

接地线的安装包括接地体连接用的扁钢及接地干线和接地支线的安装。

4. 接地干线安装

接地网中各接地体间的连接干线,一般用扁钢宽面垂直安装,连接处应尽可能采用焊接并加镶块,以增大焊接面积。如无条件焊接时,也允许用螺钉压接,但要先在接地体上端装设接地干线连接板,见图8-4。连接板须经镀锌处理,螺钉也要采用镀锌螺钉。安装时,接触面应保持平整、严密,不可有缝隙,螺钉要拧紧。在有振动的地方,螺钉上应加弹簧垫圈。

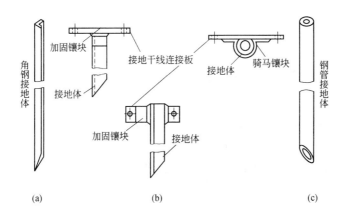

**图 8-4 垂直接地体焊接接地干线连接板**

(a)角钢顶端装连接板;(b)角钢垂直面装连接板;(c)钢管垂直面装连接板

安装时要注意以下问题。

(1)接地干线应水平或垂直敷设,在直线段不应有弯曲现象。

(2)安装位置应便于检修,并且不妨碍电气设备的拆卸与检修。

(3)接地干线与建筑物或墙壁间应有 15～20mm 间隙。

(4)水平安装时离地面距离一般为 200～600mm(具体按设计图)。

(5)接地线支持卡子之间的距离,在水平部分为 1～1.5m,在垂直部分为 1.5～2m,在转角部分为 0.3～0.5m。

(6)在接地干线上应做好接线端子(位置按设计图纸)以便连接接地支线。

(7)接地线由建筑物内引出时,可由室内地坪下引出,也可由室内地坪上引出,其做法见图8-5。

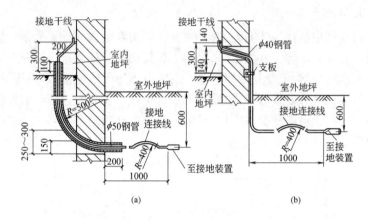

**图 8-5　接地线由建筑物内引出安装**

(a)接地线由室内地坪下引出;(b)接地线由室内地坪上引出

(8)接地线穿过墙壁或楼板,必须预先在需要穿越处装设钢管,接地线在钢管内穿过,钢管伸出墙壁至少 10mm,在楼板上面至少要伸出 30mm,在楼板下至少要伸出 10mm,接地线穿过后,钢管两端要做好密封(见图8-6)。

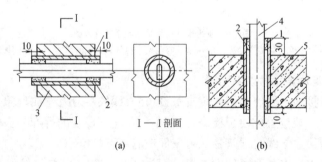

**图 8-6　接地线穿越墙壁、楼板的安装**

(a)穿墙;(b)穿楼板

1—沥青棉纱;2—$\phi$40mm 钢管;3—砖管;4—接地线;5—楼板

(9)采用圆钢或扁钢作接地干线时,其连接必须用焊接(搭焊),圆钢搭接时,焊缝长度至少为圆钢直径的 6 倍,见图 8-7(a)、图 8-7(b)、图 8-7(c);两扁钢搭接时,焊缝长度为扁钢宽度的 2 倍,见图 8-7(d);如采用多股绞线连接时,应采用接线端子,见图 8-7(e)。

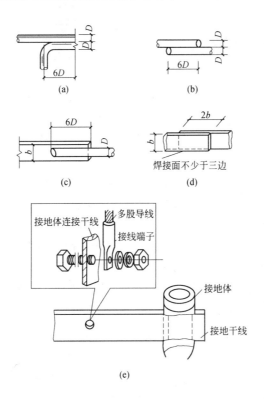

**图 8-7　接地干线的连接**

(a)圆钢直角搭接;(b)圆钢与圆钢搭接;(c)圆钢与扁钢搭接;
(d)扁钢直接搭接;(e)扁钢与钢绞线的联系

### 三、接地支线安装

接地支线安装时应注意以下问题。

(1)多个设备与接地干线相连接,每个设备需用 1 根接地支线,不允许几个设备合用 1 根接地支线,也不允许几根接地支线并接在接地干线的 1 个连接点上。

(2)接地支线与电气设备金属外壳、金属构架的连接方法见图 8-8,

接地支线的两头焊接接线端子,并用镀锌螺钉压接。

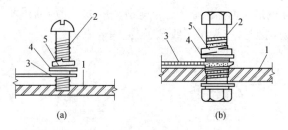

**图 8-8　电器金属外壳或金属构架与接地支线连接**

(a)电器金属外壳接地;(b)金属构架接地

1—电器金属外壳或金属构架;2—连接螺栓;

3—接地支线;4—镀锌垫圈;5—弹簧垫片

(3)接地干线与电缆或其他电线交叉时,其间距应不小于25mm;与管道交叉时,应加保护钢管;跨越建筑物伸缩缝时,应有弯曲,以便有伸缩余地,防止断裂。

(4)明设的接地支线在穿越墙壁或楼板时应穿管保护;固定敷设的接地支线需要加长时,连接必须牢固,用于移动设备的接地支线不允许中间有接头;接地支线的每一个连接处,都应置于明显处,以便于检修。

**四、接地装置的涂色**

接地装置安装完毕后,应对各部分进行检查,尤其是焊接处更要仔细检查焊接质量,对合格的焊缝应按规定在焊缝各面涂漆。

明敷的接地线表面应涂黑漆,如因建筑物的设计要求,需涂其他颜色,则应在连接处及分支处涂以宽为15mm的两条黑带,间距为150mm。中性点接至接地网的明敷接地导线应涂紫色带黑色条纹。在三相四线网络中,如接有单相分支线并零线接地时,零线在分支点应涂黑色带以便识别。

在接地线引向建筑物内的入口处,一般在建筑物外墙上标以黑色记号"⊥",以引起维护人员的注意。在检修用临时接地点处,应刷白色底漆后标以黑色记号"⊥"。

**五、接地电阻测量**

无论是工作接地还是保护接地,其接地电阻必须满足规定要求,否则就不能安全可靠地起到接地作用。

接地电阻是指接地体电阻、接地线电阻和土壤流散电阻三部分之和。其中主要是土壤流散电阻。接地电阻的数值等于接地装置对地电压与通过接地体流入地中电流的比值。

1. 接地电阻测量方法

测量接地电阻的方法很多,目前用得最广的是用接地电阻测量仪、接地摇表测量。

图 8-9 为接地摇表测量接地电阻接线图。

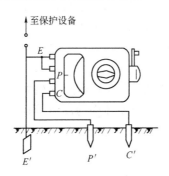

**图 8-9 接地电阻测量接线**

$E'$—被测接地体;$P'$—电位探测针;$C'$—电流探测针

在使用接地摇表测量接地电阻时,要注意以下问题:①假如"零指示器"的灵敏度过高时,可调整电位探测针插入土壤中的深浅,若其灵敏度不够时,可沿电位探测针和电流探测针注水使其湿润;②在测量时,必须将接地线路与被保护的设备断开,以保证测量准确;③如果接地体 $E'$ 和电流探测针 $C'$ 之间的距离大于 20m 时,电位探测针 $P'$ 的位置插在 $E'$、$C'$ 之间直线外几米,则测量误差可以不计;但当 $E'$、$C'$ 间的距离小于20m时,则应将电位探测针 $P'$ 正确插在 $E'C'$ 直线中间;④当用 0～1/10/100Ω规格的接地摇表测量小于 1Ω 的接地电阻时,应将正的连接片打开,然后分别用导线连接到被测接地体上,以避免测量时连接导线的电阻造成附加测量误差。

2. 降低接地电阻的措施

流散电阻与土壤的电阻率有直接关系。土壤电阻率越低,流散电阻也就越低,接地电阻就越小。所以在遇到电阻率较高的土壤时,如砂质土壤、岩石以及长期冰冻的土壤,装设人工接地体,要达到设计所要求的接地电阻,往往要采取适当的措施。常用的方法如下。

(1)对土壤进行混合或浸渍处理:在接地体周围土壤中适当混入一些木炭粉、炭黑等以提高土壤的导电率或用食盐溶液浸渍接地体周围的土壤,对降低接地电阻也有明显效果。近年来还采用木质素等长效化学降阻剂,效果也十分显著。

(2)改换接地体周围部分土壤:将接地体周围土壤换成电阻率较低的土壤,如黏土、黑土、砂质黏土、加木炭粉土等。

(3)增加接地体埋设深度:当碰到地表面岩石或高电阻率土壤不太厚,而下部就是低电阻率土壤时,可将接地体钻孔深埋或开挖深埋至低电阻率的土壤中。

(4)外引式接地:当接地处土壤电阻率很大而在距接地处不太远的地方有导电良好的土壤或有不冰冻的湖泊、河流时,可将接地体引至该低电阻率地带,然后按规定做好接地。

# 附录　电气设备安装调试工
# 职业技能考核模拟试题

**一、填空题**(10题,20%)

1. 在交流放大器中引入负反馈具有稳定放大倍数的作用,也能减少__非线性失真__。

2. 三相四线制供电的星形联结电路,在任何情况下中性线上的电流等于__各相电流的相量和__。

3. 桥式起重机制提升机构,当下降重物时,为获得低速下降速度,可采用__倒拉反接__制动。

4. 在电容串联电路中,电容量越大的电容其两端电压__越小__。

5. 将变压器的一侧绕组短路,在另一侧加入适当降低的电压,使变压器的高、低压绕组中产生接近额定电流的短路电流,利用短路电流通过绕组的有效电阻所产生的热量来加热变压器,这种方法称__铜损干燥法__。

6. 三极管的集电结与发射结都处于反向偏置状态,则三极管工作在__截止区__。

7. __行程限位没复位__会导致桥式起重机只能朝一个方向运行。

8. 少油断路器静动触头导电直流电阻最好采用__降压法__测量。

9. 有腐蚀性或爆炸危险的厂房内安装桥式起重机的滑线应使用__软电缆__作导体供电。

10. 在具有严重腐蚀(如酸、碱)介质的场所,电气管线的敷设,应采用__塑料管__。

**二、判断题**(10题,10%)

1. 电阻元件的阻值是越串越大,而电容元件的容量是越串越小。

（√）

2. 电压表与电流表的最大区别在于表头内阻不同。 （√）

3. 低压电器是用来接通或断开电路,以达到控制、调节和保护电动机的启动、正反转、制动和调速等目的的电气元件。 （√）

4. 单相三孔插座的接线应是面对插座上孔接接地线,右孔接零线,左孔接相线。 (×)

5. 继电器是用来对二次回路做长期过载保护的。 (√)

6. 在交流电路中,纯电阻负载上的电压与电流同相。 (√)

7. 熔断器的熔体具有反时限特性。 (√)

8. 在交流电路中,电感线圈的感抗与电源频率、电感系数成正比关系。 (√)

9. 改变电源相序,而达到三相感应电动机迅速停止转动的方法,称为发电制动。 (×)

10. 因为电压的单位和电位的单位都是伏特,所以电压与电位的含义是相同的。 (×)

## 三、选择题(20题,40%)

1. 国内单相电度表多数采用__C__接法。

A. 顺入式 B. 倒入式 C. 跳入式

2. 室内灯具距地面高度一般不低于__B__ m。

A. 2 B. 2.5 C. 3

3. 因电气故障起火时,要立即拉开电源开关,不能用__C__灭火器灭火。

A. 二氧化碳 B. 1211 C. 泡沫

4. 铝硬母线采用搭接方式连接时,接触面须涂以__B__。

A. 中性凡士林 B. 电力复合脂 C. 密封膏

5. 正弦交流电的三要素是指__C__、角频率、初相角。

A. 平均值 B. 有效值 C. 最大值

6. 架空线路直线段横担应装于__B__侧。

A. 供电 B. 受电 C. 拉线

7. 锉铝硬母线的锉刀一般应选用__B__锉刀。

A. 双纹 B. 单齿纹 C. 细齿纹

8. 电机、变压器用的硅钢片是__A__材料。

A. 导磁 B. 导热 C. 非磁性

9. 变压器初级电压不变,要增加次级电压时应增加__C__。

A. 铁芯截面　　　　B. 次级导线直径　　C. 次级绕组匝数

10. ___B___ 不属于降压启动器。

A. 补偿启动器　　　B. 磁力启动器　　　C. 延边三角启动器

11. 使用手锯锯割硬材料和各种板材、管材、电缆等材料时应选用 ___C___ 锯条。

A. 粗齿　　　　　　B. 中齿　　　　　　C. 细齿

12. 测量三相四线制电能用一表法只适用于 ___A___ 的场合。

A. 负载对称　　　　B. 负载不对称　　　C. 三相不平衡

13. 导体两端的电压和通过导体的电流的比值叫作 ___C___ 。

A. 电导　　　　　　B. 阻抗　　　　　　C. 电阻

14. 并联电阻中的 ___B___ 分配和电阻的大小成反比。

A. 电压　　　　　　B. 电流　　　　　　C. 电势

15. 如果单相半波整流电路中的二极管反接,则会引起 ___C___ 。

A. 输出端短路　　　B. 无直流输出　　　C. 输出直流极性相反

16. 根据物质的导电性能,常把物质分为 ___B___ 三种类型。

A. 有色金属、黑色金属、非金属

B. 导体、半导体、绝缘体

C. 橡胶、塑料、瓷器

17. 额定直流电压 ___C___ 的电路中的电器称低压电器。

A. 1 kV 及以下　　　B. 1.2 kV 及以下　　C. 2 kV 及以下

18. 架空线路导线连接时,每个档距内最多只能有 ___A___ 个接头。

A. 1　　　　　　　　B. 2　　　　　　　　C. 3

19. 单相插座的接线,应该是 ___A___ 。

A. 面对插座右相左零

B. 面对插座右零左相

C. 背对插座右相左零

20. 发生触电事故时,对触电者首先采取的措施是 ___A___ 。

A. 迅速解脱电源　　B. 简单诊断　　　　C. 立即送医院抢救

## 四、问答题(5题,30%)

1. 简述照明平面图和照明系统图的作用。

答:照明平面图的作用是表明(1)线路的敷设位置、敷设方式;(2)灯具、开关、插座、配电箱的安装位置、安装方法、标高等。系统图的作用是表明(1)照明的安装容量、计算负荷;(2)导线的型号、根数、配线方式、管径;(3)配电箱、开关、熔断器的型号、规格等。

2. 什么是绝缘材料的老化? 导致绝缘材料老化的主要原因是什么?

答:绝缘材料在使用过程中,由于各种因素的长期作用,会发生化学变化和物理变化,使电气性能和机械性能变坏,称为老化。影响绝缘材料老化的因素很多,主要是热的因素。使用时温度过高,会加速绝缘材料的老化过程,因此对各种绝缘材料都规定了它们在使用过程中的极限温度,以延缓绝缘材料的老化过程,保证电工产品的使用寿命。

3. 简述电动机安装、接线完毕后,进行试车时的注意事项。

答:(1)用兆欧表测量绝缘电阻。若绕组间或绕组对地的绝缘电阻达不到要求,则应采取烘干措施。

(2)检查与电机铭牌上所示的电压、接法等是否吻合。

(3)检查电动机转轴是否能自由旋转。

(4)检查电动机的接地装置是否可靠。

(5)对要求单方向运转的电动机,须检查运转方向是否与该电动机运转指示箭头方向相同。

(6)检查电动机的接线是否正确。

(7)检查电动机的启动、控制装置中各个电气元件是否完好,熔断器的熔体设置是否合理。

(8)断开电动机的主回路,检查和试验控制回路功能是否全部满足要求。

(9)接通主回路,合上电源,令电动机启动、运转。启动后,要监视电动机的电流是否超过规定值,并检查有无摩擦声、尖叫声,其他不正常声音及异常的气味,是否局部过热。

(10)冷态连续启动 2 次或 3 次后,再进行 2h 的空载运转,若无异常现象,则电动机的安装便告结束。

4. 如何解救触电者,救护人在解救触电者时应注意什么?

答:触电者接触带电体时,会引起肌肉痉挛,若手握导线则握得很紧不易解脱,所以救护触电的人,首先是迅速地将电源断开,使触电者尽快地脱离电源。救护人应采取的断电方法及注意事项如下。

(1)未断电前使用安全用具去接触触电者,禁止赤手接触触电者的身体。

(2)如果人在较高的地方触电,在切断电源的同时,应采取措施,防止触电者松手后从高处落下,造成严重的摔伤。

(3)在夜间或照明不足时,应利用其他光源(电池灯、手电筒、蜡烛等)解决照明问题。

5. 简述拉线的种类及作用。

答:拉线是为了平衡电杆各方面的作用力,并抵抗风压,防止电杆倾倒而采用的。拉线有下列几种。

(1)普通拉线:用在线路的终端杆、转角杆、耐张杆等处,起平衡拉力的作用。

(2)两侧拉线:垂直于线路方向安装,装于直线杆的两侧,用以增强电杆抗风能力。

(3)四方拉线:垂直于线路方向和顺线路方向,在电杆四周都装拉线,用以增强耐张杆的稳定性。

(4)过道拉线:由于电杆距道路太近,不能就地安装拉线时,即在道路另一侧立一根拉线杆,在此杆上做一条过道拉线。过道拉线应保持一定高度,以免妨碍交通。

(5)共同拉线:因地形限制不能安装拉线时,可将拉线固定在相邻电杆上,用以平衡拉力。

(6)V形拉线:主要用于电杆较高、横担较多、架设导线根数较多时,在拉力合力点上下两处各安装一条拉线,其下部则合为一条,构成V形。

(7)弓形拉线:又称自身拉线,为防止电杆弯曲,又因地形限制不能安装拉线时采用,即在电杆中部加一支柱,在其上下加装拉线。

# 参 考 文 献

[1] 中华人民共和国住房和城乡建设部,中华人民共和国国家质量监督检验检疫总局.建筑电气工程施工质量验收规范(GB 50303—2015)[S].北京:中国计划出版社,2016.

[2] 中华人民共和国住房和城乡建设部,中华人民共和国国家质量监督检验检疫总局.电气装置安装工程 电气设备交接试验标准(GB 50150—2016)[S].北京:中国计划出版社,2016.

[3] 中华人民共和国住房和城乡建设部,中华人民共和国国家质量监督检验检疫总局.建筑电气照明装置施工与验收规范(GB 50617—2010)[S].北京:中国计划出版社,2011.

[4] 中华人民共和国住房和城乡建设部,中华人民共和国国家质量监督检验检疫总局.建筑施工安全技术统一规范(GB 50870—2013)[S].北京:中国计划出版社,2013.

[5] 建设部干部学院.电气设备安装调试工[M].武汉:华中科技大学出版社,2009.

[6] 住房和城乡建设部人事司.建筑电工[M].2版.北京:中国建筑工业出版社,2011.

[7] 史湛华.建筑电气施工百问[M].北京:中国建筑工业出版社,2004.